CONTRIBUTION

A

l'Étude de la Flore du Maroc

PAR

M. C.-J. PITARD

Membre de la Mission scientifique de la Société de Géographie.

Contribution à l'étude de la flore du Maroc

par M. C.-J. Pitard
Membre de la Mission Scientifique
de la Société de Géographie.

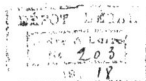

DÉPÔT LÉGAL
203
18

Chargé par la Société de Géographie de Paris d'étudier la flore du Maroc nous avons séjourné plusieurs mois dans notre Protectorat en 1911, 12 et 13.

Au cours de ces trois années, nous avons examiné le Maroc septentrional compris entre Tanger, Larache et Tétouan, le Maroc occidental et central limité par Casablanca et Rabat à l'ouest, Mechra ben Abbou au sud et à l'est par le Tadla, Fez, Séfrou et leurs environs. Enfin, dans le Maroc oriental désertique, nous avons parcouru entre Figuig et El Féradj, au nord, plus de 3.000 Km., avec les hautes cimes des Djebels Grouz, Maïs et Melah.

Aux résultats que nous avons obtenus, nous joignons ceux de notre ami le lieutenant Mouret, tué glorieusement à la tête de sa compagnie en montant à l'assaut des tranchées ennemies en Champagne. Il avait séjourné en 1913 dans le moyen Atlas aux postes d'Immouzer et d'Anoceur.

Nous nous proposons, dans ce bref résumé de nos recherches, d'indiquer les espèces nouvelles que nous avons recueillies, en mentionnant aussi quelques unes des plantes les plus intéressantes, nouvelles pour cette région ou très rares au Maroc.

Que nos Collaborateurs dévoués, tout spécialement M. Battandier, qui nous permettent de rédiger chaque année avec la plus grande rapidité notre rapport de Mission, veuillent bien accepter nos plus affectueux remerciements.

Dicotylédones.

Ranunculus sceleratus L. — Anoceur, bords de la daya d'Ifer.

Ceratocephalus incurvus Stev. — Fréquent au nord de Figuig dans la steppe herbeuse et les alluvions sablonneuses des oueds.

Delphinium macropetalum DC. — Vulgaire dans toute la Chaouïa; environs de Fez. Endroits incultes, moissons.

Pæonia corollina Retz. var. coriacea Coss.– Immouzer, Anoceur. Bois des montagnes.

Berberis hispanica B. et R.– Anoceur. Broussailles des montagnes.

Corydalis heterocarpa Ball.– Aïne Cheggag. Rochers frais des montagnes.

Fumaria africana Lam.– Sefrou, Aïne Cheggag. Rochers ombragés.

Cossonia africana DR.– Immouzer. Plateau caillouteux

Enarthrocarpus Chevallieri Bar.– Base des Djebels Grouz, Mélias, etc. Éboulis
  rocheux et alluvions cailloutenses.

Fezia pterocarpa Pitard, gen. et sp. nov.

Plante annuelle, haute de 10-25 cm., très glabre, ramifiée dès la base, à tige
ailée. Feuilles longues de 5-7 cm., larges de 1-2 cm., elliptiques, dentées ou penna
tifides et à lobes arrondis, obtuses au sommet, atténuées à la base, un peu épaisses,
entièrement glabres. Inflorescences à fleurs condensées en grappes courtes, s'allongeant
pendant la floraison et atteignant facilement 5-15 cm. de longueur ; pédicelles
longs de 4-5 mm.; fleurs jaunes. Sépales longs de 4 mm., une paire bossus à la
base. Pétales longs de 8 mm., à limbe large de 3 mm., arrondi. Étamines atteignant
5 mm. de longueur; anthère sagittée à la base. Carpelle long de 4 mm., formé de
deux parties : une inférieure haute de 1,5 mm., surmontée d'une partie longue
de 0,5 mm., pourvue de deux ailes triangulaires ; style et stigmate hauts de 2 mm.;
stigmate capité. Pédicelle fructifère long de 5 mm., large de 1 mm., aussi gros que
la partie inférieure de l'ovaire. Fruit composé d'une région inférieure déhiscente
longue de 5-7 mm., et d'une partie indéhiscente haute de 2,5-4 mm., formée par
le style induré et les deux ailes longues chacune de 3-4 mm., larges de 1-2 mm.;
tout le fruit est lisse à part quelques poils indurés et courts sur la moitié inférieure
des valves du fruit et la région médiane de la partie ailée. Graines 6-8 environ
(3-4 par loge) dans la région inférieure déhiscente du fruit, une seule dans l'article
supérieur indéhiscent; graines hautes de 1,5 mm., larges de 0,8 mm.; testa grisâtre
et lisse ; cotylédons concaves entourant la radicelle.

Le genre Fezia se range parmi les Cakilinées dont le fruit a l'article
inférieur déhiscent par deux valves. Parmi les 6 genres de cette section
il se rapproche des genres Morisia et Erucaria. Le genre Morisia s'en
sépare par son article inférieur globuleux et son article supérieur à deux
loges collatérales monospermes. Le genre Erucaria auquel il ressemble le
plus, s'en éloigne par l'article supérieur globuleux ou allongé de son fruit,

renfermant 1-4 graines superposées. La forme du fruit du genre Fezia nous l'avait fait rapprocher à première vue du genre Cordylocarpus de la même tribu, mais dont le fruit est indéhiscent.

Environs de Fez. Fl. et fr. de janvier à avril. Champs.

Crambe hispanica L. — Semsa, près Tétouan. Éboulis pierreux calcaires ensoleillés.

C. reniformis Desf. Séfrou. Bords des marais.

C. Kralickii C. et Kr. — Djebels Grouz, Maïs, etc. Broussailles des pentes inférieures.

Isatis tinctoria L. — Anoceur. Pentes herbeuses des montagnes.

Iberis ciliata All. — Aïne Cheggag, Immouzer. Pentes broussailleuses et rocheuses.

I. gibraltarica L. Val Tissa (800 m) et Beni Hosmer (1000 m), près Tétouan. Fissures des rochers frais.

Teesdalia Lepidium DC. Camps Boulhaut et Monod. Lieux sablonneux incultes.

Hemicrambe fruticosa Webb. Val Tissa (800 m.) et Beni Hosmar (9-1000 m), près Tétouan. Rochers frais et ombragés.

Æthionema saxatile R. Br. — Immouzer, Anoceur. Pentes rocheuses broussailleuses.

Psychine stylosa Desf. — Environs de Fez, Souk el Arba. Champs incultes.

Draba hispanica Boiss. — Anoceur. Rochers des hautes montagnes.

Moenicus linifolius DC. — El Ardja, Menou Azzoug, etc. Steppe herbeuse.

Alyssum alpestre L. Immouzer. Montagnes rocheuses et arides.

A. atlanticum Desf. Anoceur. Pentes rocheuses et fissures des rochers.

A. macrocalyx C. et DR. — Abondant dans les steppes désertiques.

A. scutigerum DR. Djebel Maïs. Pentes caillouteuses inférieures.

Eruca aurea Batt. — Djahifa, El Khéroua, etc. Steppe herbeuse.

Succovia balearica DC. — Tétouan, Beni Hosmar (7-800 m). Endroits broussailleux frais.

Brassica elata Ball. Col de Bouchtata. Fissures des rochers calcaires.

Diplotaxis catholica DC. — Tanger, Tétouan, etc. Endroits incultes.

Erysimum grandiflorum Desf. Immouzer. Montagnes pierreuses et arides.

Matthiola lunata DC. — Très vulgaire dans les steppes désertiques.

M. maroccana Coss. — Pentes pierreuses des Djebels Grouz, Maïs et Melah.

Arabis parvula L. Duf. Aïne Cheggag. Pentes pierreuses des montagnes.

A. pubescens Poir. — Immouzer. Pentes pierreuses des montagnes.

Reseda media Lag. — Djebel Kébir, près Tanger, Zithan, près Tétouan. Éboulis rocheux et herbeux.

R. collina J. Gay. — Immouzer. Falaises rocheuses.

R. tricuspis C. et Bal. Chaouïa : assez commun entre Ber Rechid et Sidi Feali ; Meknès. Moissons et champs incultes.

R. stricta Pers. — Vulgaire dans les alluvions des steppes désertiques.

R. Battandieri Pitard, sp. n. in Expl. scientif. Maroc (1912), 9.

Plante annuelle, dressée, haute de 50 cm. à 1 mètre, à tige principale raide, ramifiée dès la base ; rameaux étalés, allongés. Feuilles longues de 3,5 cm., larges de 1-1,5 mm., linéaires-lancéolées, entières, glabres. Inflorescences en grappes longues de 10-40 cm., très effilées et étroites, pédicelles longs de 3-4 mm., d'abord dressés, étalés lors de la fructification. Sépales 6, lancéolés, obtus, courts. Pétales 6, dont 4 longs de 3 mm., lancéolés, entiers, et 2 longs de 2,5 mm., trilobés, blancs. Étamines 12-14, bien plus courtes que les pétales, anthères jaunes. Styles et stigmates 4. Capsule globuleuse haute et large de 2 mm., surmontée des 4 styles légèrement accrus. Graine haute et large de 0,5 mm., subréniforme, à testa brun et brillant.

Cette espèce, remarquable par ses grappes très longues et très étroites, doit être rangée auprès des types à feuilles entières et à ovaire tétramère. Elle s'en différencie par sa végétation annuelle, son port spécial et surtout par ses fruits globuleux.

Maroc occidental : Dar Chafaï, Sidi Feali, Mechra ben Abou. Fl. 4 fr. en juin. Moissons et steppe aride.

R. villosa Coss. et D.R. — Vulgaire sur les pentes inférieures des Djebels Grouz, Maïs et Melah. Pentes rocheuses, au milieu des gros blocs éboulés.

R. Biaui Pitard ; sp. n.

Plante à souche vivace, volumineuse, ligneuse, à feuilles radicales abondantes et durables, émettant plusieurs tiges florales, hautes de 25-40 cm. Feuilles longues de 5-8 cm., larges de 4-8 mm., linéaires-oblongues, glabres, ainsi que toute la plante, à bords ondulés, obtuses au sommet, insensiblement atténuées à la base. Tiges florales grêles, pas ou très rarement rameuses, s'allongeant beaucoup pendant la maturité des fruits ; pédicelles presque nuls ; fleurs blanches. Sépales 4, longs de 1,5 mm., oblongs, obtus. Pétales 4, sont un long de 4 mm. ; limbe divisé en 6-7 lobes à extrémité arrondie, atteignant le tiers de la longueur totale ; onglet très large; les 3 autres pétales longs de 2,5-3 mm., offrant un limbe divisé en 2-3 lobes, à onglet grêle. Étamines nombreuses, 20-22 environ, atteignant le sommet des carpelles; anthères longues de 0,5 mm., jaunes. Carpelles 3, hauts de 2 mm., longuement atténués au sommet, un peu réfléchis vers l'extérieur. Capsule haute de 4 mm., subarrondie, mucronée par les styles persistants, à pédicelle long de 1 mm.; graines noires à testa brillant.

Cette espèce doit se ranger auprès des types à 3 carpelles. Elle offre donc quelques analogies avec le Reseda luteola L., qui, comme elle, présente 4 sépales. Mais cette dernière s'en éloigne par son existence éphémère, sa haute taille (50 cm. à 1 mètre et davantage), ses hampes robustes, ses fleurs plus grandes, d'un jaune verdâtre, ses pédicelles égalant le calice, etc.

Maroc central: Immouzer, Anoceur. Fl. et fr. en juillet. Montagnes pierreuses et rochers.

Obs. Nous sommes heureux de dédier cette espèce à M. le Dr Biau, qui nous en a adressé de beaux échantillons d'une autre localité.

Astrocarpus Clusii J. Gay.- Tanger; Camp Monod. Lieux sablonneux incultes.

Cistus polymorphus Willk.- Immouzer. Pentes broussailleuses des montagnes.

C. laurifolius L. var. atlanticus Pitard.

Feuilles petites, longues de 2-4 cm., larges de 1-1,5 cm.; sépales plus courts que dans le type, brièvement acuminés. Étamines également plus courtes et capsules beaucoup plus petites.

Maroc central: Immouzer. Pentes broussailleuses des montagnes.

Helianthemum Libanotis Willd.- Entre Arzila et le Cap Spartel. Collines broussailleuses, maritimes.

H. umbellatum Mill.- Djebel Dersa. Pentes des collines calcaires broussailleuses.

H. papillare Boiss.- Djebel Grouz. Pentes caillouteuses et arides.

H. retrofractum Pers.- Aïne Cheggag. Champs pierreux.

H. echioides Pers.- Assez répandu entre Casablanca et Settat. Lieux arides.

H. getulum Pomel.- Djebels Grouz, Maïs et Melah. Pentes inférieures rocailleuses.

H. velutinum Pomel.- Djebel Mélias. Pentes rocailleuses.

H. rubellum Presl.- Sefrou, Immouzer. Pentes arides et rocailleuses.

H. lavandulifolium DC.- Anoceur, Immouzer. Pentes pierreuses.

H. piliferum Boiss.- Immouzer. Pentes calcaires des montagnes.

H. croceum Pers. var. Fontanesii Batt. et Tr. — Immouzer, Anoceur. Pentes arides
    des montagnes.

H. eremophilum Pomel. Vulgaire dans la steppe désertique pierreuse.

Fumana scoparia Pomel. — Anti atlas. Pentes broussailleuses des montagnes.

Polygala rupestris Pourr. — Anoceur. Falaises rocheuses septentrionales.

P. Webbiana Coss. Djebel Dersa (600 m.), Val Fissa (4-600 m), Beni Hosmar
    (1000 m), près Tétouan. Fissures des rochers frais.

Dianthus lusitanicus Brot. — Camp Boulhaut. Fissures des rochers gréseux.

D. virgineus L. — Chaouïa : Sidi Abderrhamane. Falaise calcaires arides.

Velezia rigida L. — Environs de Fez. Collines herbeuses et arides.

Saponaria glutinosa M. Bieb. — Immouzer. Pentes rocailleuses.

Silene micropetala Lag. — Vulgaire en Chaouïa, depuis le littoral jusqu'à
    Bou Skoura. Moissons et champs incultes.

S. glabrescens Coss. — Casablanca et environs. Champs, friches et moissons.

S. mogadorensis Coss. — Tanger. Eboulis des falaises maritimes.

S. Behen L. — Khemisset, Sidi Barca, près Settat. Moissons.

S. maurorum Battandier et Pitard, sp. n.

    Plante probablement vivace, élancée, toute couverte dans ses parties vertes
d'un indument de poils simples, très courts, non glanduleux, visibles à la
loupe. Feuilles radicales inconnues, les caulinaires linéaires-aiguës, bientôt
bractéiformes. Inflorescence en petites cymes axillaires triflores; pédicelles
égalant à peu près le calice à maturité. Calice subombiliqué à la base,
étroitement appliqué, à 10 nervures vertes, unies au sommet par une arcade
simple, à dents ovales, membraneuses et légèrement ciliées sur les bords.
Podogyne pubescent, d'un tiers plus court que la capsule. Pétales
bipartites, à lames étroites, longues, obtuses, vite enroulées; écailles de la
gorge étroites et aiguës. Style et filets très longs, souvent très longuement
saillants. Capsule oblongue à 6 dents profondes, étroites et aiguës. Graines
nettement diptérospermées.

    Plante fort embarrassante, avec ses graines diptérospermées et son inflorescence
d'un type tout à fait anormal dans ce groupe. A part cette inflorescence,
elle serait voisine du Silene getula Pomel. Silene maroccana Coss. en
diffère aussi par son podogyne plus long, ses lames des pétales arrondies au bout,

ses écailles de la gorge plus étroites et plus aïgues.

Maroc central : Immouzer, Anoceur. Fl. et fr. en juillet. Pentes des montagnes.

S. mekinensis Coss. Aïne Cheggag. Endroits incultes.

S. mellifera B. et R. Anoceur. Falaises rocheuses.

S. velutina Pourr. Sefrou, Immouzer. Rochers calcaires.

S. Portensis L. Casablanca, Sidi el Djilali, Immouzer. Endroits arides sablonneux.

S. rosulata Soy-Will. et Godr. Djebel Kébir, près Tanger. Falaises maritimes.

S. tomentosa Ott. Semsa, près Tétouan. Fissures des rochers calcaires.

Viscaria Lagrangei Coss. Djebel Kébir, près Tanger. Endroits humides herbeux.

Sagina Linnæi Presl. var. maroccana Battandier et Pitard.

Diffère du type par ses pédicelles hispides et glanduleux.

Maroc central : Immouzer. Endroits incultes auprès du village.

Alsine montana Fenzl. Immouzer. Pentes des montagnes arides.

Alsine campestris Fenzl. Avec le précédent.

Arenaria capitata Lam. Immouzer. Pentes des montagnes pierreuses.

A. fallax Batt. Tanger, Bou Bana. Champs argileux.

Cerastium Boissieri Gren. Anoceur. Pentes rocailleuses.

Spergularia Pitardiana Hÿ, sp. n. in Journ. de Bot. [1912].

Souche ligneuse volumineuse, évasée sur les rochers, large de 2-8 cm., couverte de nodosités sur sa face supérieure, émettant des rameaux longs de 5-12 cm., filiformes, dressés, offrant 12-30 nœuds épais. Stipules scarieuses, longuement acuminées, presque égales et dépassant les entre-nœuds supérieurs. Feuilles longues de 6-12 mm., filiformes, arquées. Inflorescences à pédicelles longs de 6-10 mm., filiformes, à bractées courtes. Sépales longs de 3 mm., lancéolés, obtus. Pétales dépassant le calice, roses. Étamines 10. Styles libres. Capsule incluse ; graines aptères, hautes de 0,5 mm., brunes, très finement papilleuses. — Plante vivace, glabre, à partie supérieure seulement glanduleuse.

Cette espèce forme, à elle seule, dans le tableau du genre publié par M. l'Abbé Hÿ, une série distincte qu'il appelle Spergulariæ tuberosæ. Son énorme souche l'éloigne en effet manifestement de toutes les espèces actuellement connues.

Maroc occidental : Camp Boulhaut (Sekrat el Nemra). Fl. et fr. en juin. Fissures des rochers siliceux.

Löflingia micrantha B. et R. — Près de Tanger, Camp Monod, Mamora. Sallés.

Elatine Alsinastrum L. — Camp Boulhaut. Eaux stagnantes.

E. campylosperma Steub. — Camp Boulhaut. Guyas et mardis herbeux.

Malva Tournefortiana L. — Tsoumouzer. Pentes herbeuses des montagnes.

Hibiscus Trionum L. — Environs de Fez. Au milieu des champs de maïs.

Geranium occitanicum Battandier et Pitard. sp. n.

Cette plante, dont nous n'avons que des échantillons défleuris, appartient au groupe du Geranium macrorrhizum L. Elle a une très grosse souche vivace, sous-ligneuse, ramifiée. Feuilles radicales nombreuses, longuement pétiolées, hispides et un peu glanduleuses, comme toutes les parties vertes de la plante, à limbe palmatiséqué et non palmatipartite, bien plus petit que celui des feuilles du G. macrorrhizum. Tiges annuelles nombreuses, hautes de 30 à 40 cm., feuillées seulement aux dichotomies, à feuilles petites, pétiolées. Les fleurs sont le plus souvent au nombre de 2 par pédoncule. Carpelle long de 3 mm., à nervure médiane longitudinalement saillante et à rides obliques; columelle longue de 12 mm., environ.

Maroc central: Djebel Outa, près Anoceur (1800 m.) Fissures de rochers exposés au nord.

Erodium marocanum Battandier et Pitard, sp. n.

Souches ligneuses, grosses comme le petit doigt, à divisions couronnées par les stipules ovales et d'un brun fauve. Plante toute couverte dans ses parties vertes d'un duvet fin et dense de poils courts un peu crépus, non réclinés, mêlés sur la feuille et les sépales de glandes sessiles brillantes et sur les pédicelles de poils glanduleux. Tiges dressées à longs entre-nœuds. Feuilles, les inférieures longuement, les supérieures courtement pétiolées, à pétiole grêle, à limbe cordé à la base, ovale dans son pourtour, trilobé ou un peu lacinié, à lobes crénelés ou dentés. Stipules ovales, fauves, membraneuses, ciliées. Pédoncules floraux grêles et longs; bractées involucrales médiocres, membraneuses, un peu fauves, pubescentes et ciliées, largement ovales. Ombelles pauciflores sur nos échantillons, à pédicelles grêles et longs. Sépales assez longuement mucronés, les extérieurs 7-nerviés. Pétales purpurins, oblongs, égalant deux fois les sépales, ciliés à l'onglet. Filets tous longuement et insensiblement acuminés-subulés, les fertiles purpurins, les stériles blancs, un peu plus courts. Carpelles hispides, sans pli sous la rosette apicale, à bec de 5 cm.

Espèce voisine de l'Erodium Munbyanum Boiss., E. mauritanicum Coss., mais bien distincte par son indumentum bien différent, son port plus grèle, ses fleurs plus petites et ses bractées pubescentes.

Maroc central : Tunmouzer, Anoceur. Pentes des montagnes pierreuses et arides.

Erodium Moureti Pitard, sp. n., in Expl. scientif. Maroc [1912], 23.

Plante haute de 20-50 cm, à tiges, feuilles, pédoncules et pédicelles velus, très glanduleux. Souche vivace à feuilles en rosettes à la base des tiges, puis disséminées sur les tiges fleuries. Feuilles pennatiséquées à 3-4 paire de segments écartés, ovales, incisés dentés, à dents aigües; stipules longues de 6-12 mm., ovales, obtuses, scarieuses, glabres. Pédoncules longs de 8-20 cm., multiflores (6-10 fleurs); bractées de l'ombelle longues de 3-4 mm. Fleurs grandes, larges de 15-20 mm. Sépales longs de 7 mm., mucronés, à pointe épaisse, à marge membraneuse et à bords ciliés. Pétales longs de 10 mm.; onglet étroit, limbe obové à macule violet foncé à la base, munie blanc plus ou moins rosé au sommet. Etamines fertiles biappendiculées à la base, munies d'une grosse glande violet foncé. Ovaire haut de 2 mm., couvert de longs poils blancs, colonne stylaire haute de 4 mm., pubescente; stigmates 5, étalés lors de la floraison. Fruit long de 40 mm.; la partie basilaire fertile longue de 5 mm., l'arête longue de 35 mm., valves du fruit couvertes de longs poils blancs déclinés des deux côtés, dépression du sommet subcirculaire à pli inférieur et dans la dépression 8-10 grosses glandes brièvement pédicellées; arête du fruit tortillée à maturité, velue. Graine longue de 4 mm., brun clair, lisse...

Cette espèce rappelle les E. moschatum L'Hér. et H. tordyloïdes Desf. Elle doit se ranger à côté de cette dernière espèce qui s'en différenciera au premier coup d'œil par les dimensions de ses fleurs et l'absence de tiges florales.

Maroc occidental : Camp Boulhaut. Fl. et fr. en juin. Pentes des rochers siliceux.

Acer monspessulanum L. Tunmouzer. Pentes boisées des montagnes.

Evonymus latifolius Scop. Anoceur. Pentes broussailleuses des montagnes.

Rhamnus cathartica L. Tunmouzer. Pentes boisées des montagnes.

Ilex Aquifolium L. Anoceur. Pentes boisées des montagnes.

Argyrolobium Sahara Pomel. Djebel el Heimer, Dra el Beidha. Steppe pierreuse désertique.

Adenocarpus Bacquei Battandier et Pitard, sp. n.

Arbuste atteignant 1 mètre de hauteur, rarement davantage. Rameaux ligneux inermes, argentés-soyeux dans leur jeunesse. Feuilles fasciculées à pétiole arrondi, long de 1 cm. environ, trifoliées, à folioles coriaces, lancéolées-aiguës, planes-étalées, plus longues que le pétiole, fortement soyeuses-argentées sur les deux faces, ainsi que le pétiole et les stipules petites, linéaires, très caduques. Grappes florales oblongues, velues, terminant les rameaux, ayant de 10 à 20 fleurs. Ni bractées, ni bractéoles. Pédicelles égalant le calice ou un peu plus courts. Calice bilabié, très-velu, non glanduleux, à lèvre supérieure un peu plus courte, à deux dents ovales égalant le tube; lèvre inférieure divisée jusqu'au milieu en 3 dents linéaires. Etendard obovale, velu en dehors, deux fois plus long comme le calice, dépassant les ailes oblongues et à carène courbée presque à angle droit, obtuse, un peu plus courte que les ailes. Etamines monadelphes; style exsert; stigmate capité. Gousse linéaire, brune, fortement tuberculeux, à tubercules glanduleux un peu jaunâtres.

Espèce bien distincte de toutes celles décrites jusqu'à ce jour, sans rapports bien marqués avec aucune, sauf avec *Adenocarpus hispanicus*.

Maroc oriental: Oued el Khéroua, El Khéroua. Fl. et fr. en avril. Pentes inférieures des montagnes et alluvions de l'oued.

Obs. Nous sommes heureux de dédier cette belle espèce à M. le lieutenant Bacqué, qui, pendant notre séjour dans la région de Figuig, avait témoigné un vif intérêt à nos recherches.

A. grandiflorus Boiss. - Sefrou, Immouzer. Pentes rocailleuses des montagnes.

Cytisus Fontanesii Spach. - Sefrou, Immouzer. Pentes rocailleuses des montagnes.

C. Ahmedi Battandier et Pitard, sp. n. Sect. Tubocytisus DC.

Arbuste très rameux, à rameaux flexueux, grêles, inermes. Feuilles presque toutes trifoliées, sauf quelques unes unifoliolées au sommet des rameaux, sessiles sur un coussinet saillant; folioles oblancéolées ou oblongues, longuement atténuées en coin à la base, uninerviées, finement densément soyeuses sur les deux faces. Pédoncules axillaires grêles, plus longs que la feuille, finement soyeux ainsi que les jeunes rameaux et les calices, portant deux fleurs jaunes, géminées, chacune à l'aisselle d'une bractée minuscule. Calice atténué à la base en pédicelle d'un millimètre environ à tube oblong-campanulé, long de 5-6 mm., sur 2,5-3 mm. à la gorge, à dents linéaires-aiguës, subégales, longues de 3 mm. Corolle de 12 mm.; étendard à onglet égalant presque le limbe, largement ovale, soyeux en dehors; ailes oblongues à limbe plus court que l'onglet, un peu plus courtes que l'étendard et dépassant la carène, longuement unguiculée, à limbe petit, falciforme, à bec ascendant et aigu. Étamines à filets libres sur une assez faible étendue, dilatés en lame mince au dessous de l'anthère. Style glabre dépassant les étamines; stigmate capité. Ovaire couvert de longs poils. Gousse et graines inconnues.

Espèce bien spéciale à cause de son calice indistinctement labié, à dents égales ou subégales.

Maroc désertique: Djebel Grouz et Ouazzam. Fl. en avril. Pentes rocheuses des montagnes.

C. Hosmariensis Coss. Environs de Tétouan: Val Fissa (600m), Beni Hosmar (600m) Broussailles près des ruisseaux.

Stauracanthus spartioides Webb. Mamora. Clairières de la forêt près Camp Monod.

Ulex boeticus Boiss. Environs de Tétouan: Serusa, Djebel Dersa. Pentes arides.

Ononis aragonensis Asso. Arroeur. Pentes des montagnes broussailleuses.

O. marocana Battandier et Pitard, sp. n.

Plante annuelle, souvent ségétale, haute de 40 à 60 cm, entièrement velue-glanduleuse, ramifiée dès la base, à ramifications secondaires très développées, formant une forte touffe pyramidale. Feuilles longues de 3-5 cm., toutes trifoliolées; folioles longues de 15-25 mm., larges de 8-15 mm., elliptiques, arrondies ou obtuses à la base, arrondies ou tronquées au sommet, dentées; pétiole épais, long de 12-16 mm.; stipules longues de 6-8 mm., aiguës. Fleurs réunies par 2, rarement isolées, à l'aisselle des feuilles; pédoncule long de 1-2 cm., prolongé en arête libre, longue de 6-8 mm.; fleurs blanchâtres, parfois un peu teintées de jaune très pâle. Sépales aigus plus longs que le tube, long de 3 mm. Étendard long de 18 mm., dressé, à nervation dorsale verdâtre; ailes longues de 14 mm.; carène longue de 9 mm., à extrémité aiguë, verdâtre. Étamines à tube long de 9 mm., à partie libre recourbée, longue de 4 mm. Ovaire pédicellé, atteignant avec son pédicelle 7 mm. de longueur, pubescent; style et stigmate recourbés, longs de 7 mm. Fruit long de 23 à 25 mm., large de 8-10 mm., gousse très grosse, très renflée, à épicarpe brun, velu. Graine haute et large de 4-5 mm., à testa brun très clair, couvert de fins tubercules.

M. Battandier en ferait plus volontiers une sous-espèce de l'Ononis biflora Desf. Elle se différencierait facilement du type de l'espèce par les dimensions notablement plus grandes de son pétiole, par ses énormes gousses vésiculeuses, enfin par la taille de ses graines.

Maroc occidental et central : Environs de Casablanca (Sidi Abderrahmane) ; Aïn Cheggag.

Fl. et fr. en mai. Moissons et endroits incultes.

O. porrigens Salzm. _ Camp Boulhaut ; environs de Fez. Endroits salonneux incultes.

O. cintrana Brot. _ Mamora ; près Camp Boulhaut. Sables incultes.

O. Marreana Ball _ Camp Monod et Boulhaut. Sables arides dans les forêts.

O. pseudo-serotina Battandier et Pitard, sp. n.

Plante vivace à souche ligneuse ; tiges grêles, dressées, hispides à longs poils articulés entremêlés de quelques poils glanduleux courts. Stipules soudées en large lame foliacée, divisée dans le haut en deux lames divergentes, lancéolées-aiguës, nervées et à nervures fines et parallèles, finement dentées sur les bords et ciliées de longs poils articulés et de poils glanduleux courts. Foliole unique, grande, elliptique, obovée, finement dentée en scie, à dents aiguës, ciliées de poils glanduleux, subsessile entre les divisions de la lame stipulaire. Pédoncules floraux grêles, hispides, les uns naissant à l'aisselle des feuilles des tiges, longs de 3 cm., les autres, beaucoup plus courts, sur les ramuscules axillaires ; arête de 1 cm. environ, pédicelle de 5-8 mm. Fleurs petites (1 cm.), d'un jaune pâle avec l'étendard teinté de pourpre au dehors. Calice à tube court, obconique, à dents linéaires-lancéolées, longues trois fois comme le tube, plus courtes que la corolle, fortement trinerviées, ciliées de longs poils et de poils glanduleux courts. Étendard oblong, non émarginé ni apiculé, dépassant les ailes ; carène fortement arquée, longuement rostrée. Gousse lancéolée-oblongue, aiguë, hispide-glanduleuse, dépassant le calice de moitié. Graines 3-4, réniformes, tuberculeuses.

Cet Ononis est certainement voisin de l'O. serotina Pomel, excellente espèce en train de devenir rare parce qu'elle habite les terres culturales et que ses souches, grosses comme le bras, qui défient les charrues arabes ne résistent pas à notre outillage perfectionné. L'Ononis pseudo-serotina en diffère

poussant nettement par ses tiges plus grêles, ses longs poils articulés multi-
cellulaires, ses feuilles plus finement dentées, moins glanduleuses, à nervures
blanches plus saillantes et par les longs pédoncules des fleurs inférieures.
Maroc central : Tunruzer. Fl. et fr. en juillet. Pentes arides.

O. natricoïdes Coss. Environs de Fez, Aïne Cheggag. Pentes arides.

O. Columnae All. Tunruzer. Pente des montagnes arides.

O. reclinata L. var. lutea Battandier et Pitard
  Plante semblable au type, mais à fleurs jaunes.
  Maroc occidental : Camp Boulhaut, Souk el Arba des Zemmours. Collines arides.

O. Salzmanniana B. et R. Environs de Fez. Champs incultes.

O. Schousboei Coss. inéd. ; O. pinnata Schousboë.
  Plante vivace, haute de 30-70 cm., subligneuse, ramifiée dès la base, entièrement
  velue glanduleuse ; feuilles longues de 6-8 cm., progressivement décroissantes
  sur les tiges florales, munies de 4-5 paires de folioles à la base de la plante, de 2-1
  paires au sommet ; folioles oblongues, atténuées à la base, tronquées au sommet,
  à marge fortement dentée. Inflorescences en grappes courtes et denses, terminales
  et axillaires ; pédicelles non articulés, longs de 2-3 mm. ; fleurs roses. Sépales
  dépassant la corolle, longs de 9 mm. ; tube calycinal campanulé, long de 4 mm.
  Étendard long de 11 mm., recouvrant entièrement les ailes, longues de 8-9 mm.,
  oblongues ; carène longue de 6 mm., brusquement recourbée à l'avant, atténuée
  en longue pointe au sommet. Étamines à tube long de 6 mm., atteignant environ
  la moitié des sépales. Ovaire long de 1,5 mm., velu glanduleux ; style grêle,
  coudé ; stigmate filiforme. Fruits mûrs et graines inconnus.
  Cette espèce n'était connue que par un échantillon renfermé dans l'Herbier Cosson,
  portant : O. pinnata leg. Schousboë, environs de Tanger et O. Schousboei
  Cosson, resté inédit. Il se rattache à la section Bugrana où il occupe une
  place tout à fait spéciale par suite de ses feuilles à folioles si nombreuses.
  Maroc septentrional et occidental. Entre le lac Hadjériin et l'Océan ; forêt
  de la Mamora, près Camp Monod et forêt de Camp Boulhaut. Sables arides
  et découverts des forêts.

O. antiquorum L. Environs de Fez, Tunruzer. Pentes arides.

O. variegata L. Environs de Casablanca, Bou Azza. Sables maritimes.

Trigonella ovalis Boiss. Fez, Séfrou, Aïne Cheggag. Champs incultes.

Lotus conimbricensis Brot. var. granatensis Willk. et Lge.— Charf el Akab près Tanger. Lieux herbeux inondés l'hiver.

L. Lamprocarpus Boiss. Chaouïa : de Citmellil à l'Oued Tamdrost ; Camp Marod, Tiflet, Aïne Louna. Bords herbeux des marais.

Ornithopus isthmocarpus Coss.— Chaouïa ; Camp Monod. Sables arides.

Coronilla minima L. Arocœur. Pentes rocailleuses des montagnes.

C. valentina L.— Camp Boulhaut. Endroits sablonneux ombragés.

C. atlantica B. et R.— Oued Cherrat, près Camp Boulhaut ; Camp Monod. Broussailles des endroits frais.

Hippocrepis scabra DC.— Immouzer, Arocœur. Pentes rocailleuses des montagnes.

Astragalus algarbiensis Coss.— Forêt de la Mamora, près Camp Monod. Sables herbeux.

A. gryphus Cosson, inéd.

Plante annuelle, haute de 10-30 cm., à tige principale dressée, souvent indivise, ou à ramifications basilaires courtes, couverte ainsi que toutes les parties de la plante d'un indumentum blanchâtre à poils fixés par leur base. Feuilles munies de 8-10 paires de folioles longues de 8-12 mm., larges de 3-5 mm. elliptiques ou oblongues, atténuées aux deux extrémités, subarrondies ou aiguës au sommet. Inflorescence formée de grappes subsessiles de 1-3 fleurs, dont le pédoncule s'allonge et peut atteindre 1-2 cm. à la maturité du fruit ; fleurs longues de 7-8 mm., lilas clair. Calice long de 5 mm. ; sépales aigus, velus, noirâtres ; tube calycinal blanchâtre. Corolle à carène courte, arrondie au sommet, dépassée par les ailes, étroites, également dépassée par l'étendard. Carpelle haut de 3,5 mm. ; style long de 1 mm., légèrement incurvé ; stigmate atteignant la moitié de la longueur des sépales, à sommet non épaissi ; ovaire blanchâtre, tomenteux. Fruit long de 15 mm., large de 3-4 mm. ; gousse dressée, gonflée, subtrigone, à bec caractéristique, brusquement recourbé en crochet vers l'extérieur, à faces assez fortement nerviées, velues. Graines 6 en moyenne par gousse, quadrangulaires, hautes de 2,5 mm., larges de 2 mm., lisses, à testa brillant, brun clair.

Cette nouvelle espèce se différencie facilement de toutes les autres par la forme caractéristique de sa gousse recourbée en griffe et s'éloigne des Astragalus edulis et A. bœticus par son fruit plus court, moins volumineux et ses grappes florales subsessiles.

Maroc occidental : Khemisset. Fl. et fr. en juin. Endroits herbeux incultes.

A. Solandri Lowe. – Environs de Casablanca, Bou Azza, Rabat. Lieux herbeux incultes.

Vicia amphicarpa Dur. – Anoceur. Champs incultes.

V. Lagopus Pomel. – Aïne Rheggag. Champs incultes.

V. biflora Desf. – Aïne Rheggag. Moissons.

Prunus Mahaleb L. – Anoceur. Broussailles des montagnes.

P. Gharbiana Trabut, sp. n.

Arbre médiocre, calcicole, émettant des rejets, rameaux spinescents; feuilles petites, ovales, ovales-oblongues, acuminées, mucronulées, crénelées; atténuées à la base, d'abord pubescentes, puis très glabres, très longuement pétiolées; pétiole grêle; stipules très petites, sétacées. Fleurs médiocres, longuement pédonculées, 9-15 en corymbe; pédicelles et calices recouverts d'un tomentum caduc; deux bractées sétacées caduques placées sur chaque pédicelle; divisions du calice étroites, mucronées; pétales ovales, onglet à peine sensible; étamines violacées, le plus souvent 15; 2-3 styles, rarement 4. Fruits fasciculés par 3-6, très petits, varioleux, subombiliqués par la chute du calice, à 2-3 loges; graine petite, anguleuse.

Il est voisin du Pirus longipes Cosson; il s'en différencie par ses feuilles ovales-oblongues acuminées, ses fleurs à divisions étroites, la réduction du pistil à 2-3 carpelles, le fruit très petit à calice non persistant.

Ce poirier se trouve dans les terrains arides, tuffeux, où il résiste au calcaire et à la sécheresse. Cultivé à la station botanique d'Alger, il se montre un porte greffe de premier ordre pour le poirier.

Maroc central : Djebel Outa, près Anoceur. Il se rencontre aussi dans l'ouest algérien.

Sorbus aria Crantz. – Anoceur. Pentes des montagnes boisées.

S. torminalis Crantz. – Anoceur. Forêts des montagnes.

Crataegus laciniata Ucria. – Anoceur. Autour des marais.

Geum heterocarpum Bois. – Immouzer. Broussailles des ravins.

Poterium multicaule B. et R. – Djebel Dersa, près Tetouan. Collines broussailleuses.

P. recta L. – Anoceur, Immouzer. Pentes des montagnes pierreuses.

P. supina L. – Anoceur. Bords des marais.

P. nevadensis Bois. var. condensata Bois. – Anoceur. Pentes très arides.

. Potentilla nevadensis Boiss. var. condensata Boiss. — Aroucur. Pentes très arides

Lythrum bicolor Battandier et Pitard, in Expl. scientif. Maroc [1912], 42.

Petite plante annuelle très grêle, glabre, dressée, haute de 1 à 2 décimètres, rameuse; tiges anguleuses, à angles ailées, bien feuillées. Feuilles sessiles, les inférieures opposées, elliptiques-oblongues, les supérieures alternes, plus étroites. Fleurs axillaires, très courtement pédonculées, à pédoncule muni de deux bractéoles membraneuses. Calice longuement tubuleux, infundibuliforme, puis cylindrique, muni de 12 nervures longitudinales dont 6 plus faibles, à 12 dents dont 6 internes membraneuses et largement ovales et 6 externes herbacées, oblongues, peu aiguës, un peu plus longues que les internes, conniventes, jamais renversées en arrière. Pétales 6, aussi longs que le calice, à limbe oblong, longuement atténués et cunéiformes vers le bas, nettement bicolores, à nuances tranchées, blanc dans la moitié inférieure, d'un rose foncé dans la moitié supérieure. Étamines 8–12, à filets blancs et grêles. Style terminé par un stigmate capité.

Dans les échantillons récoltés il y avait deux formes de fleurs très tranchées: une forme brachystylée à style dépassant peu le calice et à étamines presque aussi longues que les pétales et une forme dolichostylée à étamines dépassant peu le calice et à style atteignant presque la longueur des pétales. Capsule cylindrique, un peu plus courte que le calice.

Ce joli petit Lythrum ressemble à certaines formes latifoliées et courtes de L. hyssopifolium. Il en diffère par les tiges anguleuses, par les dents externes du calice plus larges, plus courtes et moins aiguës, par sa corolle nettement bicolore. Il est beaucoup plus éloigné du L. Græfferi Ten.

Maroc occidental: Settat au Bled Tamdrost, Sidi Barca, Si Senhadji.

Il et fr. en mai et juin. Dépressions humides l'hiver où il forme parfois un tapis dense.

Sedum caeruleum Vahl. — Aine Cheggag. Endroits pierreux.

S. multiceps Coss. et DR. — Aroucur. Falaises rocheuses.

S. amplexicaule DC. — Bordj nord de Fez; Zalagh. Endroits pierreux.

Pistorinia brachyantha Coss. — Abondant en Chaouia (Aine Diab, Citmellil etc.) Endroits sablonneux incultes.

Saxifraga globulifera Desf. — Zalagh, col de Bouchtata. Pentes rocailleuses.

Eryngium tenue Lam. — Mamora, près camp Monod, camp Boulhaut. Sables arides.

Eryngium marocanum Pitard, sp. n.

Plante vivace, à souche forte, brun noirâtre, terminée par une tige florale haute de 15-40 cm. Feuilles radicales très abondantes, oblongues, à limbe long de 2-5 cm., large de 1,5-3 cm., obtuses ou arrondies au sommet, cordiformes à la base, à marge dentée ou subcrénelée; pétiole long de 2-11 cm. Tige florale dressée, munie de 3-4 feuilles réduites, entières, dentées; les 2-3 feuilles supérieures présentent à leur aisselle un rameau secondaire grêle, long de 1-2 cm., terminé par un capitule, comme la tige principale. Capitule terminal long de 8-12 mm., large de 6-8 mm; capitules latéraux longs de 5-6 mm., larges de 4-7 mm., involucre composé de 5-6 bractées longues de 5-7 mm., aiguës et spinescentes au sommet, à marge entière; bractées internes de même forme, plus petites, parfois bleutées, ainsi que les bords des pièces de l'involucre; fleurs nombreuses, bleu clair ou parfois presque blanches. Sépales ovales, mucronés, à marge souvent bleutée. Pétale concave, à sommet infléchi. Gros disque papilleux. Styles 2, dressés, légèrement divergents au sommet; stigmate peu ou pas renflé, atteignant la base du mucron au sépale. Ovaire aussi haut que large, écailleux. Fruit un peu plus haut que les sépales persistants, à surface entièrement couverte d'écailles d'inégale longueur.

Cette espèce se range dans le groupe des Eryngium à feuilles radicales simplement dentées, à côté des E. aquifolium Cav., E. corniculatum Lam. et E. dichotomum Desf. Le premier s'en éloigne par sa tige très ramifiée, à rameaux étalés, son involucre à 8-12 pièces, le second par sa tige et ses pétioles fistuleux, son port, ses feuilles caulinaires découpées plus profondément, enfin le troisième par ses feuilles caulinaires palmatiséquées, sa tige à rameaux divariqués, etc.

Maroc central. Immouzer, Arvour Fl. et fr. de juillet à octobre. Bords des marais herbeux de la région montagneuse.

E. atlanticum Battandier et Pitard, sp. n. in Expl. scientif. Maroc (1912). 45.

Plante annuelle à souche courte, à racines noirâtres plus ou moins abondantes; tige haute de 3-10 cm., trifurquée puis à ramifications grêles, longues de 5-20 cm., dichotomistes, de plus en plus courtes, offrant entre elles un capitule sessile involucré légèrement bleuté. Feuilles de la base à long pétiole; limbe largement elliptique, obtusément denté, rapidement desséché; feuilles supérieures à pétiole de plus en plus court, à limbe linéaire oblong, à dents longues, légèrement spinescentes, peu nombreuses. Capitules petits, sessiles ou à peine pédonculés; involucre cupuliforme et rugueux à la base, à 4 pièces dont 2 plus courtes, lancéolées-aiguës, longuement spinescentes, bleutées sur leurs bords supérieurs et leur face ventrale. Fleurs peu nombreuses dans chaque capitule, généralement 4; sépales 5, oblongs, mucronés; pétales 5, carénés ventralement, émarginés, à sommet obtus infléchi et lacinié; étamines 5, à filet égalant le double de la longueur des sépales; styles 2, filiformes, dressés, dépassant à peine le mucron des sépales; stigmates légèrement capités. Fruits pourvus, au moins sur leur moitié supérieure d'un revêtement de gros et longs poils coniques, visiblement couverts, à la loupe, d'une quantité de petites aspérités.

Cette jolie espèce se rapproche de l'Eryngium Barrelieri Boiss.; elle présente le même habitat et un certain nombre de caractères communs. Elle croît dans les dayas, mais n'y forme pas, comme l'E. Barrelieri, un revêtement dense : les individus, en petite colonie, y sont très éparpillés. Elle s'éloigne enfin très nettement de cette espèce par son port rameux, très étalé, ses capitules pauciflores, le mucron plus court des sépales, enfin par son fruit non écailleux.

Maroc occidental: Pont Blondin à Camp Boulhaut. Dépressions humides l'hiver, rapidement asséchées et herbeuses. Fl. et fr. en juin.

Pimpinella Tragium Vill. var. pubescens. Immouzer, Anoceur. Pentes rocailleuses des montagnes.

Ammi majus L. var. tenuis Ball. Djebel Trât, près Fez. Pentes arides.

Bupleurum tenuissimum L. Environs de Fez. Bords des chemins.

B. montanum Coss. Immouzer. Pentes broussailleuses.

B. spinosum L. f. Anoceur. Rocailles.

Helosciadium inundatum Koch. Camp Boulhaut. Dépressions humides.

Magydaris panacina DC. Immouzer. Pentes herbeuses des montagnes.

Athamanta sicula L. Zalagh. Pentes rocailleuses exposées au nord.

Sclerosciadium nodiflorum Schoub. Bou Skoura. Endroits incultes.

Ferulago granatensis Boiss. Aïne Cheggag. Pentes arides des collines.

Peucedanum Munbyi Boiss. – Anoceur. Pentes herbeuses de montagnes.

Ammodaucus leucotrichus C. et Dr. – Pentes inférieures des Djebels Grouz et Maïs.

Daucus setifolius Desf. – Immouzer. Pentes pierreuses des montagnes.

D. brachylobus Boiss. – Anoceur. Pentes arides des montagnes.

D. sahariensis Murb. – Djebels Grouz et Maïs. Pentes inférieures, pierreuses.

D. biseriatus Murb. – Djebels Grouz, Maïs, Melah. Même habitat que le précédent.

Elaeoselinum fœtidum Boiss. – Cap Spartel. Collines broussailleuses.

Sambucus Ebulus L. – Environs de Fez. Broussailles.

S. nigra L. – Séfrou. Haies et broussailles.

Viburnum Lantana L. var. glabrescens Batt. – Anoceur, Immouzer. Montagnes boisées.

Lonicera biflora Desf. – Séfrou. Pentes boisées.

Galium Bourgaeanum Cosson var. maroccanum Ball. – Séfrou, Aïne Cheggag. Rochers.

G. tunetanum Poir. – Zalagh, Aïne Cheggag, Immouzer. Pentes broussailleuses.

Valeriana tuberosa L. – Djebel Dersa (1600 m.), sous Semsa. Gazons des montagnes.

Cephalaria leucantha Schrad. – Immouzer, Anoceur. Pentes arides.

Bellis microcephala Lag. – Aïne Cheggag, Djebel Grouz. Rochers éboulés.

Perralderia Dessignyana Hochr. – Djebels Grouz, Maïs, etc. Pentes inférieures.

Filago fuscescens Pomel. – Aïne Cheggag. Pelouses sèches.

F. Pomeli B. et Tr. – El Adja. Steppe aride désertique.

Santolina rosmarinifolia L. var. canescens B. et Tr. – Immouzer. Pentes broussailleuses des montagnes.

Eclipta prostrata L. – Bords de l'Oued Fez (à 35 Kim. de Fez).

Lonas inodora Gaertn. – Camp Boulhaut. Sable découvert de la forêt.

Anthemis marocana Battandier et Pitard, sp. n.

Plante très semblable à l'Anthemis Boveana J. Gay, figuré dans l'Atlas
de l'exploration de l'Algérie (pl. 60, fig. 2), dont elle diffère surtout par ses
achaines plus larges, à couronne arondie, obtuse, régulière et non dimidiée-
aiguë et par ses paillettes plus régulièrement lancéolées, aiguës.
Maroc central : Aïne Cheggag. Fl. et fr. en avril. Pentes des collines arides.

A. tenuisecta Ball. – Camp Boulhaut, Mamora, près Camp Monod. Sables ensoleillés.

Otospermum glabrum Willk. – Charf el Akab, Arzila, Zinet. Lieux inondés l'hiver.

Leucanthemum paludosum Poir. – Djebel Dersa, Semsa. Endroits herbeux frais.

Chrysanthemum macrotum Dur. – Chaouïa, autour de Settat. Champs et steppe.

Chrysanthemum viscosum Desf. Bou Skoura ; Camp Monod et Mamora (type
uniflore). Bords des champs et endroits incultes.

C. Webbianum Coss. inéd. Djebel Dersa (600 m), Beni Hosmar (1000 m) Rochers.

C. Mareti Coss. var. Hosmariense Ball. Semsa (400 m), Dj. Dersa (4 à 600 m.)
Fissures des rochers calcaires frais.

Matricaria capitellata Battandier et Pitard, sp. n.

Plante annuelle, dressée, ramifiée dans le haut. Tiges cannelées, assez robustes.
Feuilles glabres, oblongues dans leur pourtour, finement découpées en lanières
capillaires mucronulées, à pétiole élargi et amplexicaule dans le bas. Capitules
très petits, ligulés, portés sur des pédoncules grêles, un peu pubescents. Écailles
de l'involucre un peu inégales, spathulées, membraneuses aux bords, entières
dans le haut. Ligules blanches, oblongues, étalées, femelles, à achaines couron-
nés par une aigrette tubuleuse, lacérée dans le haut, plus longue que l'achaine
et que le tube de la ligule. Fleurons jaunes, hermaphrodites, à achaines complète-
ment chauves, munis de côtes du côté interne : le nombre de ces côtes est resté
douteux à cause de la grande jeunesse des achaines. Réceptacle conique, creux intérieurement

Cette plante diffère du Matricaria Chamomilla L. et même de sa variété
suaveolens par la petitesse des capitules, par l'aigrette très développée des achaines
des ligules, nulle sur les autres, par sa taille moindre et du M. maroccana Ball.
par l'aigrette très différente.

Maroc central : environs de Fez. Fl. et fr. de décembre à mars. Champs incultes.

Artemisia atlantica C. et D.R. — Djebel Grouz. Pentes pierreuses.

A. glutinosa J. Gay. — Sefrou, Timnouzer. Pentes broussailleuses.

A. arborescens L. Rabat. Broussailles.

Senecio Doria L. — Timnouzer, Anoceur. Bords herbeux des ruisseaux des montagnes.

S. giganteus Desf. — Oued Taindrost; El Aïoun, près camp Boulhaut. Bords des ruisseaux

Calendula maroccana Ball. Vulgaire en Chaouïa depuis Bou Skoura jusqu'à
Dar Chafaï et au Tadla; Aïne Cheggag; Meknès. Champs incultes, steppe.

Xeranthemum inapertum Willd. — Aïne Cheggag, Timnouzer. Pentes pierreuses.

Stachelina dubia L. Timnouzer. Pentes pierreuses des montagnes.

Carlina atlantica Pomel. — Anoceur. Pentes arides des montagnes.

Atractylis macrophylla Desf. Sefrou. Pentes des collines arides.

A. polycephala Coss. — Anoceur. Pentes arides des montagnes.

Carduus macrocephalus Desf. – Djebel Dersa. Pentes des montagnes herbeuses.

Cirsium echinatum DC. – Entre Sefrou et Fez. Bords de la piste.

C. flavispinum Boiss. – Immouzer. Endroits incultes.

Picnomon acarna Cass. Sefrou. Champs incultes.

Carduncellus Chouletti anus Pomel. – Fez, Sefrou. Collines arides.

C. Duvauxii Batt. – Entre Tiguig et El Attatich. Alluvions pierreuses.

Lappa minor DC. Immouzer. Décombres.

Crupina vulgaris Cass. Sefrou. Pentes broussailleuses.

Amberboa omphalodes B. et Tr. – El Ardja, El Khéroua. Steppe désertique.

A. leucantha Coss. Du Djebel Grouz au Dj. Melah. Pentes pierreuses.

A. maroccana Bar. et Murb. Près de Rabat. Endroits incultes.

A. atlantica Pitard, sp. n., in Expl. scientif. Maroc [1912], 61.

Herbe annuelle. Tige dressée, haute de 50 cm à un mètre et plus, striée, très papilleuse, ramifiée souvent dès sa base; ramifications étalées, puis subdressées, très allongées. Feuilles inférieures lancéolées plus ou moins découpées, les supérieures pennatifides, étroites, aiguës, atténuées en pétiole court. Pédoncules allongés, de 2-10 cm. Capitules peu nombreux; cupuliformes à la base, hauts de 15 mm., larges de 8-10 mm.; involucre à bractées externes courtes, réfléchies, à bractées moyennes lancéolées, aiguës, à marge membraneuse, parfois légèrement tachées de noir, à face dorsale couverte de longs poils blancs, à bractées supérieures de même forme, à larges bords, membraneux, blanchâtres. Fleurs neutres, 9-10, longues de 15-17 mm.; tube glabre, blanchâtre, limbe à 4 divisions, larges, violettes. Fleurs hermaphrodites longues de 7-8 mm., à tube long de 4 mm., revêtu de longs poils blancs; pétales 5, recourbés en dedans après la floraison; fleurs violettes. Anthères dépassant le tube de 3-4-5 mm., brun verdâtre. Akènes longs de 3,5 mm., gris clair, à 8-10 côtes longitudinales, blanchâtres, peu saillantes; testa ponctué dans l'intervalle des côtes, velu et à poils dressés; hile latéral; aigrette longue de 2 mm.

Cette espèce du groupe de l'Amberboa crupinoides DC. doit se ranger à côté de l'A. maroccana Bar. et Murb., qui se différencie facilement de notre A. atlantica par ses capitules à base conique, plus étroits (5-7 mm.), à involucre glabre, ses fleurs hermaphrodites à tube glabre, ses pétales

dressés après l'anthère, enfin par l'aigrette de ses akènes plus longue (3-4 mm).
Maroc occidental: Entre Guicer et Dar Chafai. Fl. et fr. en juin. Moissons, champs incultes.

A. ramosissima Picard, sp. n., in Expl. scientif. Maroc [1912], 62.

Herbe annuelle. Tige dressée haute de 8 cm. à un mètre environ, striée, papilleuse, abondamment ramifiée presque dès la base, et formant une énorme touffe par ses ramifications étalées longues de 30 à 60 cm., terminées par de nombreux petits capitules. Feuilles lancéolées plus ou moins découpées à la base, plus étroites et de plus en plus rétrécies au sommet, toujours pennatifides, aiguës. Capitules longs de 10-12 mm, larges de 6-7 mm; écailles de l'involucre lancéolées, aiguës à marge membraneuse blanc jaunâtre et à région dorsale verdâtre, couverte de longs poils blancs. Fleurs neutres saillantes absentes; fleurs hermaphrodites longues de 5-5,5 mm., à tube long de 3,5 mm., velu, blanc, violacé au sommet; pétales 5, dressés à la floraison. Anthères brun clair. Akène haut de 3 mm., à testa gris clair, à peu près lisse, à peine creusé, à la loupe, de petites cavités ponctiformes noirâtres, velu, à poils dressés; hile latéral; aigrette longue de 2,5 mm.

Cette espèce appartient également au groupe de l'A. maroccana Bar. et M. Elle se différencie facilement de cette espèce et de notre A. atlantica par son port à la fois élevé et très rameux, ses très petits capitules, l'absence de fleurs neutres longuement saillantes et la brièveté des fleurs hermaphrodites. Elle se rapproche davantage de l'A. maroccana par ses fleurs hermaphrodites à pétales dressés, la forme de l'akène, la longueur de son aigrette, mais s'en éloigne aussi par le tube des fleurs longuement velu, la dimension plus petite de son akène (3 mm. au lieu de 4-4,25 mm.), etc.

Maroc occidental: Mechra ben Abou. Fl. et fr. en juin. Berges sablonneuses de l'Oued.

Centaurea Tagana Brot.- Camp Boulhaut et Chaouïa. Broussailles des forêts.

C. Jacea L.- Immouzer. Bords des marais des montagnes.

C. Clementei Briss.- Bou Semlen, Val Tissa (900 m.) Fissures de rochers calcaires.

C. maroccana Ball.- Guicer, Dar Chafai. Steppe aride.

C. eriophora L. x C. maroccana Ball.- Guicer. Très abondant; on trouve dans la steppe aride tous les intermédiaires entre les deux espèces.

C. sulphurea Willd.- Camp Boulhaut. Rocailles herbeuses.

C. algeriensis C. et Dr.- Ber Rechid. Champs incultes et moissons.

Centaurea diluta Ait.- Ber Rechid, Settat. Champs incultes et moissons.

C. fragilis Dur.- Casablanca, Titnellil. Endroits herbeux incultes.

C. Cossoniana Batt.- Djebels Grouz et Melah. Pentes rocheuses.

C. pubescens Willd.- Entre Sefrou et Immouzer. Pentes rocheuses.

C. Hookeriana Ball.- Immouzer. Pentes arides des montagnes.

C. Boissieri D.C.- Immouzer, Anoceur. Pentes arides des montagnes.

C. pungens Pomel.- Oued Tisserfin, El Ardja. Alluvions caillouteuses désertiques.

C. aspera L. Titnellil. Endroits herbeux incultes.

Leuzea conifera D.C.- Immouzer. Pentes broussailleuses des montagnes.

Rhaponticum acaule D.C.- Aine Cheggag. Pentes arides.

Seriola laevigata Desf. Zalagh, col de Bouchtata. Pentes rocheuses.

Thrincia macrorhiza B. et R.- Bou Baoua, près Tanger. Endroits herbeux incultes.

Kalbfussia Salzmanni Sch. Bip.- Titnellil, Dar Oulad. Endroits herbeux incultes.

Scorzonera pygmaea S. et S.- Immouzer. Pentes arides des montagnes.

Cornuexsia variifolia Coss.- Mélias, Tisserfin, etc. Steppe désertique.

Chondrilla juncea L.- Sefrou, Immouzer. Pentes arides.

Taraxacum inaequifolum Pomel.- Sefrou, Anoceur. Pelouses autour des marais.

Sonchus glaucescens Jord.- Camp Monod. Endroits incultes.

S. fragilis Ball.- Djebel Dersa, Semsa. Fissures des rochers calcaires.

Crepis tingitana Ball.- Djebel Héber, Djebel Dersa. Pentes broussailleuses.

Andryala mogadorensis Coss.- Bou Azza, Pont Blondin. Sables maritimes.

Zollikoferia mucronata Boiss.- Djebel Grouz, Djahifa. Steppe désertique.

Z. arabica Boiss.- Mélias. Steppe désertique.

Z. glomerata Boiss.- El Ardja, Menou Azzouz. Steppe désertique herbeuse.

Z. spinosa Boiss.- Très vulgaire sur les pentes des Djebels de la région désertique.

Z. arborescens Batt.- Vulgaire dans la steppe désertique.

Warionia Saharae B. et C.- Djebels Grouz et Melah. Vulgaire sur les pentes
    rocheuses des montagnes.

Xanthium spinosum L.- Souani, près Tanger. Décombres.

Jasione corymbosa Poir.- Chascia. Abondant dans les sables maritimes.

J. blepharodon B. et R.- Autour de Settat, Fez, Aine Cheggag. Steppe herbeuse.

J. cornuta Ball.- Entre Guicer et Dar Chafai. Champs incultes.

Campanula maroccana Ball.- Sefrou, Anoceur. Talus rocheux des montagnes.

Campanula mauritanica Pomel. Tremouzer. Ravins boisés des montagnes.

Trachelium angustifolium Schoub. - Fez, Sefrou. Rochers et vieux murs.

Lobelia urens L. - Entre Rabat et Camp Monod. Dayas de terrains siliceux.

Lysimachia Ephemerum L. - Anoceur. Bords de marais des montagnes.

Ligustrum vulgare L. - Anoceur. Endroits frais et boisés.

Fraxinus dimorpha C. et DR. - Anoceur. Ravins boisés des montagnes.

Cicendia pusilla Griseb. - Camp Boulhaut. Dayas desséchées pendant l'été.

Convolvulus Pitardi Battandier, sp. n. in Explor. scientif. Maroc [1912], 74.

Sect. scandentes Boiss. Fl. Or.

Racine vivace; tiges robustes, peu volubiles, pubescentes, un peu sillonnées. Pétioles grêles, longs de 2-3 cm., pubescents; limbe cordé à la base à large sinus hasté, un peu plus long que le pétiole, glabre, fortement nervié, à lobes généralement droits, grossièrement dentés ou sinués. Fleurs grandes, rougeâtres, axillaires, solitaires sur des pédoncules nuls, remplacés par un pédicelle pédonculiforme pubescent, long de 10 cm. dans les fleurs inférieures, plus court dans les supérieures, portant à sa base dans l'aisselle de la feuille deux longues bractées filiformes poilues de 10-15 mm. de longueur. Bouton floral oblong, gros, toujours solitaire, à pubescence dense, argentée, un peu hérissée. Sépales oblongs, un peu inégaux, marginés sur le bord, obtus, mucronulés; corolle grande, poilue au sommet dans le bouton; style court et bifide; étamines plus courtes que le corolle, à anthères oblongues, à la fin sagittées à la base. Fruit et graine inconnus.

Cette curieuse espèce simule à s'y méprendre le C. althaeoides L. Elle en diffère par son port, ses feuilles à limbe glabre, moins divisées dans le haut de la tige, plus nettement hastées et surtout par ses bractées basilaires à la base d'un long et gros pédicelle remplaçant le pédoncule nul, par son bouton floral unique, bien plus hispide, etc.

Maroc occidental : Oued Cherrat, sur la rive Zaïr voisine de Camp Boulhaut; Mamora, près Camp Monod. Sur le sable au milieu des buissons de la forêt.

C. lineatus L. - Tremouzer. Pentes arides des montagnes.

C. cantabrica L. - Sefrou, Tremouzer. Pentes arides des montagnes.

C. suffruticosus Desf. - Aïne Cheggag. Champs incultes.

C. undulatus Cav. - Aïne Cheggag. Champs incultes.

Convolvulus Gharbensis Battandier et Pitard, sp. n., in Explor. scientif. Maroc. [1912],
74.- Sect. Annui Briss. Fl. Or.

Plante herbacée annuelle, multicaule, à tiges fermes, dressées, non volubiles,
finement pubescentes à la loupe, haute d'environ 20 à 30 cm portant quelques
rameaux dressés terminés comme elles par un capitule floral. Feuilles
linéaires-oblongues, longuement atténuées en pétiole mince, glabres, entières.
Fleurs subsessiles 6-12 en gros capitule terminal involucré; involucre foli-
cé à pièces vertes, ovales, sessiles, aiguës, les 3 ou 4 extérieures très larges, les
internes à peu près de même nombre plus étroites. Capitule formé de
plusieurs axes floraux raccourcis, munis de bractées linéaires-aiguës,
hispides, fleurs subsessiles avec deux bractées linéaires hispides sous le
calice. Calice à 5 sépales étroits, membraneux, atténués en une longue
pointe herbacée et hispide, dépassant de beaucoup la capsule. Corolle à bord
entier, d'un bleu foncé, jaunâtre dans le fond, velue-soyeuse en dehors sur
les angles. Etamines 5, plus courtes que la corolle, à filets un peu élargis
vers le bas; anthères oblongues, à la fin un peu sagittées à la base. Style
bifide à stigmates lamelleux, allongés, acuminés. Capsule globuleuse, glabre,
graines 4, brunes, à testa aréolé, avec des aréoles bordées de crêtes saillantes
et sinueuses.

Cette belle espèce paraît ne se rapprocher d'aucune autre. Toutefois, sans
son inflorescence en gros capitule, elle montrerait de réelles affinités
avec le groupe du C. tricolor L., surtout avec le C. maroccanus Batt.
Maroc occidental : Très abondant en moyenne et haute Chaouïa (Settat,
Guicer, Khemisset); Souk el Arba des Zemmours.- Maroc central : Aïne
Cheggag.- Camps incultes, moissons. Fl. et fr. depuis avril jusqu'en juin.

Cuscuta monogyna Vausch.- Immouzer. Parasite sur divers arbustes.

Anchusa granatensis Boiss.- Aïne Cheggag. Pentes arides.

A. undulata L. Aïne Cheggag. Pentes arides.

Alkanna tinctoria Vausch.- Immouzer. Pentes sablonneuses des montagnes.

Echium italicum L. Anoceur. Champs incultes de la zone montagneuse.

E. sabulicolum Pomel. Entre Guicer, Dar chafaï et Mechra ben Abou. Steppe aride.

E. dumosum Coincy.- Abondant en Chaouïa, de Casablanca à Settat; Rabat,
Fedhala, etc. Endroits incultes.

Echium aequale Coincy. Salé. Endroits incultes.

E. pomponium Boiss. Djebel Zrät, près Fez. Pentes arides.

E. horridum Batt. Vulgaire dans la steppe aride, désertique, pierreux de Tiznig au Djebel Melah.

E. trygorrhizum Pomel. Vulgaire dans la même région que le précédent.

Megastoma pusillum Coss. El Aïdja, Menou Azzouz. Sables de la steppe désertique.

Trichodesma calcaratum Coss. Djebel Grouz, Maïs, etc. Pentes inférieures, pierreuses.

Solenanthus atlanticus Pitard, sp. n.

Espèce vivace, à souche plus ou moins développée, émettant plusieurs tiges florales hautes de 15-30 cm., lors de la floraison, s'allongeant beaucoup lors de la maturation du fruit; tiges et feuilles inférieures couvertes de poils courts, soyeux; feuilles et inflorescences très tomenteuses, toute la plante blanchâtre. Feuilles lancéolées-oblongues, longuement pétiolées, les supérieures oblongues ou ovales-oblongues, sessiles, pédoncules longs de 1 cm., atteignant à maturité jusqu'à 4 cm. de longueur, d'abord dressés, puis étalés; fleurs rosées. Calice à sépales longs de 11 mm., oblongs, dorsalement tomenteux. Corolle tubuleux, bien plus courte que les sépales, longue de 9 mm.; tube étranglé un peu au-dessus de son milieu; entre les bases d'insertion des étamines, 5 écailles longues de 2 mm., bidentées au sommet; pétales longs de 2,5 mm., dressés, triangulaires-obtus, à bords repliés en dedans. Étamines longuement saillantes, à filets longs de 10 mm.; anthère longue de 3 mm. Noire haut de 1 mm., style long de 12-15 mm., insensiblement atténué; stigmate à peine renflé. Akènes volumineux, pyramidaux, fortement convexes, munis d'une excavation dorsale profonde, à surface externe munie d'abondants poils crochus

Cette espèce se différencie facilement des deux espèces africaines Solenanthus lanatus DC. d'Algérie et S. tubiflorus Murbeck, de Tunisie et de la province de Constantine, par sa corolle rosée bien plus courte que les sépales, ses pétales triangulaires obtus, ses étamines longuement saillantes et ses écailles bidentées au sommet. Elle se rapprocherait de l'espèce algérienne par l'insertion au-dessous de la moitié de la hauteur de la corolle de ses 5 étamines, toujours plus ou moins exsertes.

Maroc central: Aïne Gheggag. Fl. et fr. presque mûrs depuis février. Coteaux pierreux

Hyoscyamus niger L.- Aïne Cheggag. Décembre.

Verbascum Boerhaavi L. Immouzer, Amezer. Pentes pierreuses des montagnes.

Celsia pinnatifida B.et R.- Settat, Kemisset, camp Boulhaut. Lieux incultes.

C. ramosissima Benth.- Marora, près camp Monod. Endroits incultes.

Anarrhinum fruticosum Desf. Djebel Mais, El Amidjat. Pentes pierreuses des montagnes.

Antirrhinum Orontium L. var. *flava* Battandier et Pitard.

Corolle d'un beau jaune, le reste analogue au type.

Maroc central. Aïne Cheggag. Champs pierreux.

Linaria cirrhosa Willd. - Cap Spartel, Ksar Djédid, dans l'Andjera. Collines broussailleuses, au milieu des Cistes.

L. aegyptiaca L.- Très vulgaire de Tiguig au Djebel Melah. Steppe désertique.

L. tingitana B.et R.- Vulgaire auprès de Tanger. Bords des chemins. Lieux incultes.

L. galioides Ball.- Immouzer. Pentes arides des montagnes.

L. Gharbensis Battandier et Pitard, sp. n.

Plante annuelle, le plus souvent végétale, haute de 15-40 cm., très ramifiée dès la base, glabre, sauf les axes des grappes, les pédicelles et les sépales, brièvement velus-glanduleux. Feuilles longues de 1-3 cm, larges de 1-4 mm, linéaires, obtuses. Inflorescences en grappes longues de 5-25 cm, s'allongeant pendant la floraison; bractées longues de 2-3 mm.; pédicelles atteignant 4-5 mm de longueur pendant la fructification, toujours dressés; fleurs longues de 25-28 mm., bicolores, l'éperon violet clair, la lèvre supérieure blanc jaunâtre, la lèvre inférieure de même teinte, maculée d'orange. Sépales longs de 5 mm., très légèrement marqués de blanc, persistants. Corolle à gorge fermée; éperon long de 14 mm., mince, large de 1 mm., environ dans sa partie médiane; partie supérieure de la corolle plus courte que l'éperon; lèvre supérieure à pétales dressés, à palais parcouru par deux lignes jaunes, veloutées, lèvre inférieure un peu proéminente, à macules orangées. Étamines légèrement inégales, à filets mesurant respectivement par paires 4 et 5 mm.; anthère longue de 1 mm. Ovaire haut de 1 mm.; style et stigmate, légèrement bifide, longs de 6 mm. Capsule haute de 6 mm., large de 3 mm., ovoïde, déhiscent par des dents; graines hautes de 0,6 mm., larges de 0,5 mm., ovoïdes, à testa noir, muni de gros bourrelets transversaux.

Cette espèce est facile à différencier des espèces voisines, au premier abord, par la teinte bicolore de ses fleurs; elle s'écarte du Linaria atlantica B. et R. par sa taille et l'ornementation de ses graines. Elle s'éloigne aussi des espèces désertiques: Linaria dissita Pomel et L. gracilescens Pomel, par sa fleur bien plus grande, bicolore, sa capsule non globuleuse, etc.

Maroc occidental. Settat, Mesahal, Bir Jdour, Dar el Hadj Salah, Si Rerha, Guicer, Sidi Basca; près Rabat. Fl. et fr. d'avril à juillet. Moissons et champs incultes.

Linaria pinifolia Poir. - Anoceur. Pentes herbeuses des montagnes.

L. marginata Desf. - Zalagh, au col de Bouchtata. Pentes rocheuses.

L. dissita Pomel. - El Ardja. Steppe herbeuse désertique

L. Warionis Pomel. - Oued el Djeninat. Alluvions herbeuses de l'oued.

L. ignescens Kunze. - Sud de Fez. Pentes incultes et arides des collines.

L. Broussonnetii B. et R. - Anse Spartel. Salles du littoral.

L. Munbyana B. et R. - Environs de Rabat. Endroits sablonneux incultes.

L. minor Desf. - Fez. Sur les murailles de la ville.

L. villosa DC. Sefrou, Immouzer, Anoceur. Falaises rocheuses.

L. flexuosa Desf. - Djebel Dersa (600 m.). Fissures des rochers calcaires.

Veronica rosea Desf. - Immouzer. Pentes arides des montagnes.

Odontites purpurea Don. - Sefrou. Pentes pierreuses.

O. violacea Pomel. - Anoceur. Pelouses des montagnes.

O. lutea Rchb. Immouzer. Pentes herbeuses des montagnes.

O. viscosa Rchb. Anoceur. Pentes herbeuses des montagnes.

O. longiflora Webb. - Anoceur. Pentes sablonneuses des montagnes.

Utricularia vulgaris L. - Environs de Fez. Marais.

Mentha silvestris L. - Aïn Sultane, Immouzer. Marais herbeux.

Thymus maroccanus Ball. - Guicer, Dar Chafei, Sidi Fcali, Djebel Flatin. Endroits arides et pierreux.

T. Broussonnetii Boiss. - Vulgaire en Chaouïa; environs de Rabat. Steppe aride et collines broussailleuses.

T. hirtus Willd. - Immouzer. Pentes arides des montagnes.

T. Bleicherianus Pomel. - Aïn Cheggag. Pentes arides

Satureia Hochreutineri Brig. - Djebels Grouz, Maïs, etc. Pentes rocailleuses des montagnes de la région désertique.

Micromeria microphylla Benth. - Zalagh, Sefrou. Pentes arides.

M. graeca Benth. - Djebel Dersa, Teg, Aïne Cheggag. Pentes broussailleuses.

Calamintha Clinopodium Benth. - Sefrou. Broussailles.

C. baetica B. et R. - Sefrou. Pentes broussailleuses.

C. graveolens B. et R. - Aïne Cheggag. Pentes rocheuses.

C. granatensis B. et R. - Tuemouzer. Pentes broussailleuses.

Melissa officinalis L. - Dar Mahsès. Endroit frais et ombragés.

Salvia maurorum Ball. - Tuemouzer. Pentes broussailleuses des montagnes.

S. interrupta Schousb. - Beni Hossmar (11.120 m.). Rochers calcaires très ensoleillés.

S. Moureti Battandier et Pitard, sp. n.

Plante annuelle, haute de 30-60 cm., émettant dès la base des ramifications allongées formant une touffe pyramidale rappelant le port du Phlomis Herbe-vent, entièrement velue glanduleuse, à odeur forte. Feuilles ovales, larges et pétiolées, aiguës au sommet, arrondies à la base, un peu gaufrées, vert foncé, insensiblement rétrécies et finalement sessiles sur les axes d'inflorescences. Inflorescences en grappes de cymes longues de 5-10 cm., à groupes de fleurs écartés de 1-2 cm. les uns des autres; fleurs groupées 1-3 à l'aisselle de bractées longues de 4-6 mm., largement cordiformes à la base, brusquement rétrécies et aiguës au sommet, verdâtres, à bords ciliés; fleurs d'un bleu très pâle, rapidement caduques. Calice bilabié, long de 7 mm.; sépales triangulaires, acuminés, les supérieurs à nervures ponctuées de violet. Corolle longue de 15 mm.; tube long de 9 mm.; lèvre supérieure bifide; lèvre inférieure à deux petits lobes latéraux ponctués de violet foncé, ainsique le lobe antérieur blanchâtre, à pourtour arrondi. Étamines à anthères à peine saillantes. Style incolore, recourbé, long de 12 à 14 mm.; stigmate violet, long de 2-3 mm., bifide. Akènes hauts de 3 mm., larges de 2 mm., à enveloppe brun clair, lisse et brillante.

Cette espèce est facile à distinguer par son port, son odeur forte, la forme de ses feuilles, ses verticilles de 1-3 fleurs, etc. des Salvia verbenacea et S. clandestina dont les petites dimensions de la fleur les rapprochent.

Maroc occidental: Si Senhadj, Sidi Barca, Khenifset. Fl. et fr. de mai à juin.

Champs incultes, moissons.

Salvia phlomoides Asso.— Tummouzer, Amocenr. Pentes pierreuses des montagnes.

S. pseudo-bicolor Battandier et Pitard, sp. n.— Sect. Plethiosphace Benth.

Cette plante confondue jusqu'à présent avec le Salvia bicolor Desf., qui pousse d'ailleurs dans les mêmes régions et les mêmes stations s'en distingue par ses feuilles plus épaisses, couvertes sur les deux faces d'un tomentum dense, un peu glanduleux, par ses tiges plus longuement hispides, ainsi que les pédicelles et les calices. Le calice a ses dents un peu plus longuement aristées; ses bractées sont plus grandes et plus étalées. Le lobe médian de la lèvre inférieure n'est pas blanc mais bleu foncé, comme toute la fleur.

Maroc central: environs de Fez. R. dès juin. Pentes des collines argileuses.

S. marocana Battandier et Pitard, sp. n.— Sect. Plethiosphace Benth.

Feuilles radicales ovales-obtuses, veinées-dentées, brièvement pétiolées, hispidules sur les deux faces, les caulinaires sessiles triangulaires-aiguës, étalées. Tiges quadrangulaires, hispides dans le bas, glanduleuses dans le haut. Fleurs bleues, en faux verticilles distants de 4 à 6 fleurs, pédicelles plus courts que le calice. Calice largement campanulé, bilabié, hispidule sur les nervures, un peu glanduleux, à lèvres ciliées, divariquées, à dents mucronées par une pointe très courte. Corolle hispidule, non glanduleuse, à tube peu saillant hors du calice, à lèvre supérieure dressée, brusquement recourbée au sommet en crosse ou crochet obtus au sommet; lèvre inférieure courte. Style longuement saillant, bifide au sommet; à divisions subégales. Etamines peu saillantes, à bras stérile du connectif court. Nucules sphériques lisses.— Plante annuelle, dressée, de 30 à 50 cm. environ, plus ou moins rameuse.

Cette Sauge, que Cosson avait donnée à l'un de nous, sans nom spécifique, des environs de Fez ne peut guère être rapprochée que des Salvia Moureti B. et P. et S. algeriensis Desf. Le S. algeriensis s'en distingue par son indumentum de longs poils glanduleux sur les tiges et les calices, par son calice à dents plus longuement aristées et surtout par sa corolle plus grande, à lèvre supérieure en faucille étalée, longue et large, à sommet aigu. Le S. Moureti s'en éloigne par ses très grandes feuilles basilaires, atteignant jusqu'à 20-25 cm., disparaissant de bonne heure, par son port pyramidal et ses petites fleurs d'un bleu très pâle, rapidement caduques.

Maroc central : coteaux marneux au sud-est de Fez. Fl. et fr. dès mars.

S. argentea L. — Oued Oudjit, près Camp Monod, Fez, Immouzer. Pentes des collines argileuses ; champs incultes.

S. viridis L. — Camp Boulhaut, Oued Djedida, près Fez. Collines calcaires incultes.

Pitardia nepetoides Battandier, gen. et sp. nov.

Calice tubuleux 10-nervié, un peu courbé, à gorge oblique, non distinctement bilabié, à 5 dents, lancéolées-acuminées, la postérieure plus longue. Corolle à tube grêle, dépassant le calice, glabre intérieurement, sans aucun anneau pileux ; lèvre supérieure continuant la direction du tube ou un peu redressée, en forme de casque allongé, non distinctement bilobée ; lèvre inférieure trifide, à lobes oblongs ou obovés, presque égaux, le médian un peu plus long. Étamines 2, à filets insérés au milieu du tube de la corolle, sous trace des étamines avortées ; anthères à loges divariquées placées sous la voûte du casque. Disque entier, cylindrique. Style glabre, dépassant peu les étamines, bifide au sommet, à divisions subulées. Nucules oblongues.

Ce genre n'ayant que deux étamines devrait être classé dans les Monardées, d'autre part il a tant d'affinités avec le genre Nepeta qu'il est difficile de l'en éloigner. Il forme un véritable trait d'union entre les Monardées et les Népétées. La seule espèce connue du genre présente les caractères suivants :

Herbe vivace, à souche rameuse, à tige sous-frutescent à la base. Tige de l'année grêles, mais fermes, dressées, quadrangulaires, à angles épaissis en forme de nervure, glabres. Feuilles glabres, petites, largement ovales, tronquées ou un peu cordées à la base, un peu glanduleuses, brièvement pétiolées (1 cm. sur 8 mm. environ), fermes, dentées. Inflorescences plus grêles, bien plus pauciflores, mais très semblables d'ailleurs à celles du Nepeta Apulei Ucria. Faux verticilles entourés de bractées lancéolées-aiguës, plus courtes que les calices subsessiles, un peu distants dans le bas de l'inflorescence, puis rapprochées en forme d'épi. Calice de 8 mm., sur 1-1,5 mm., à dents plus courtes que le tube, à nervures rougeâtres. Corolle de 14 mm., d'un rose violacé.

Maroc central : Sefrou. Fl. et fr. tout l'été. Coteaux rocheux.

Nepeta reticulata Desf. Immouzer. Pente sablonneuses des montagnes.

Marrubium echinatum Ball. Immouzer. Ravins de la région montagneuse.

Sideritis hirsuta L. var. maroccana Coss. Immouzer. Pentes arides des montagnes.

S. incana L. var. tomentosa Battandier et Pitard.

Variété particulièrement tomenteuse, blanchâtre.

Maroc central. Immouzer. Pentes des montagnes arides.

S. leucantha Cav. Anoceur. Pentes des montagnes arides.

Phlomis Bovei de Noë. Immouzer. Ravins rocheux des montagnes.

Stachys Mouretii Battandier et Pitard, sp. n.

Plante bisannuelle, à tiges dressées ou plutôt décombantes, quadrangulaires, creuses, hautes de 30 à 40 cm., hispides, glanduleuses. Feuilles radicales nombreuses, en grande rosette, à pétioles hispides, grêles et très longs, à limbe elliptique non cordé à la base, portant 5 à 7 crénelures de chaque côté, velu sur les deux faces, à poils longs, mêlés de poils glanduleux très courts. Feuilles caulinaires brièvement pétiolées ou subsessiles. Faux verticilles de 4 à 6 fleurs, d'abord distants, puis rapprochés en longue grappe assez dense. Pédicelles plus courts que le tube du calice. Calice pubescent, longuement campanulé, 8 mm. sur 4, à dents lancéolées acuminées, plus courtes que le tube. Corolle petite, purpurine, avec un anneau pileux oblique dans le tube. Filets hispides dans le bas.

Ce Stachys rappelle les S. brachyclada de Noë et S. arvensis L. Il en diffère par sa durée et par sa grande rosette de feuilles radicales non cordées à la base. Il a moins de rapports avec le Stachys corsica dont les feuilles sont d'ailleurs nettement cordées.

Maroc central : Immouzer. Fl. et fr. d'avril en juillet. Champs de la région montagneuse.

S. circinata L'Hér. Val Tissa (600m.), Oued Zarka. Fissures des rochers calcaires très ombragés et frais des montagnes.

S. mollis Webb. Djebel Dersa (600m). Montagnes rocailleuses calcaires et arides.

Teucrium pseudo-chamaepitys L. Oued Cherrat, Souk el Arba des Zemmours. Immouzer. Pentes broussailleuses.

Teucrium collinum Coss. _ Environs de Settat, Dar Chafaï, Mechra ben Abou.
Abondant dans la steppe broussailleuse à palmier nain.

T. decipiens Coss. Vulgaire en Haut Charrat, Fez, Sefrou, Aïn Cheggag. Steppe herbeuse.

T. spinosum L. _ Bou Skoura, Fez. Champs argileux incultes.

T. Chamaedrys L. _ Anoceur. Pentes arides de la zone montagneuse.

T. flavum L. _ Mamora, près de camp Monod. Broussailles.

T. granatense Bois. et Reut. var. atlanticum Ball. Anoceur. Pentes rocheuses de
la région montagneuse.

T. flavovirens B. et Br. Immouzer. Pentes rocailleuses et arides des montagnes.

Ajuga Chamaepitys Schreb. _ Immouzer. Champs argileux de la zone montagneuse.

Statice Mouretei Pitard, sp. n.

Plante vivace, à souche épaisse, ligneuse, très ramifiée; rosettes foliaires appliquées
contre le sol, denses; tiges florales hautes de 15-25 cm. Feuilles longues de 2-5 cm.,
larges de 1-2 cm., oblongues, à sommet acuminé et longuement mucroné, à
marge sinueuse et ciliée, à lobes arrondis; limbe décurrent à la base formant
une large région pétiolaire. Tige florale dressée, robuste, pourvue longitudinalement de deux ailes courtes, portant 1-5 rameaux tous fertiles, longs
de 2-5 cm.; tous les rameaux et l'axe principal très arqués sont garnis
d'épis comprenant 6-10 épillets à 2-1 fleurs, courts, étroitement imbriqués,
très serrés, agglomérés en fascicules unilatéraux; bractée externe longue de
3 mm., mucronulée; bractée intérieure longue de 6 mm., également mucronulée au sommet. Calice long de 7 mm., large de 1,5 mm.; sépales longs
de 1,5 mm., colorés, aigus. Corolle à tube long de 7 mm., légèrement évasé
au sommet; pétales longs de 3 mm., larges de 2 mm., obovales, arrondis
au sommet, étalés, rosés. Étamines et 5 stigmates, cylindriques, atteignant
la gorge de la corolle. Ovaire haut de 1,5 mm.

Cette espèce peut, par suite de l'altitude et peut être aussi d'un habitat
plus sec, devenir très naine: les feuilles n'atteignent plus que 2 mm. de
longueur et les tiges florales quelques centimètres à peine de hauteur.

Le Statice Mouretei se range dans la section Pteroclados, auprès des
S. sinuata L. et S. Thouini Viv. Son inflorescence tout à fait particulière
l'en sépare au premier coup d'œil.

Maroc central. Immouzer, Anoceur, auprès de la daya Ifrah. Fl. en fr. de juillet.

à octobre. Pelouses humides de la région montagneuse.

S. Thouini Viv. var. atlantica Pitard.

Petite plante, haute de 10-15 cm., petite rosette foliaire; tige florale droite, raide, rameaux à aile dorsale longuement aiguë et à pointe déjetée vers l'extérieur; fleurs roses.

Maroc central : Zalagh, Oued Meknès. Pentes des collines arides.

Armeria atlantica Pomel. Zalagh, au col de Bouchtata. Pentes rocheuses.

Plantago maroccana Battandier et Pitard, sp. n.

Plante annuelle, entièrement velue, à poils mous, blanchâtres. Racine grêle, émettant 3-5 tiges étalées, de 3-10 cm. de longueur; tiges épaisses, pourvues de côtes longitudinales peu saillantes. Feuilles longues de 3-12 cm, larges de 2-8 mm, linéaires-oblancéolés, longuement atténuées en un long pétiole mince, acuminées au sommet, entières. Pédoncules nombreux, dressés ou arqués, cylindriques, épais ou rigides, longs de 3-15 cm, pourvus de poils laineux, tomenteux au sommet. Épi haut de 5-20 mm, renfermant 5-20 fleurs très espacées; bractées longues de 5-6 mm, ovales, terminées par une pointe mousse, vertes, bordées d'une large bande membraneuse à la base, s'atténuant progressivement vers le sommet. Sépales longs de 4-4,5 mm, égaux, ovales, arrondis au sommet. Corolle à tube glabre, long de 3 mm, à lobes toujours étalés ou réfléchis; pétales longs de 2-2,5 mm., ovales-lancéolés, aigus, canaliculés, longuement velus sur leur face externe. Étamines ne dépassant pas la longueur des pétales. Capsule biloculaire à loges monospermes. Graines hautes de 3,5-4 mm., plane et canaliculée ventralement, dorsalement convexe, brune, brillante.

Cette espèce se range à côté du Plantago akkensis Cosson, décrit par Murbeck. Il s'en éloigne cependant à première vue par la brièveté de ses bractées, qui dans l'espèce de Cosson dépassent toujours le double de la longueur des sépales et donnent à l'épi une apparence si singulière. Enfin il présente des feuilles plus larges (1,5-2,5 mm. chez P. akkensis, des sépales arrondis et des pétales non dressés.

M. Battandier ferait plus volontiers de notre type une sous-espèce du Plantago akkensis.

Maroc désertique: Steppe de la base du Djebel Grouz, Cirque de Djahifa, Oued

melœas, Figuig, Redjem el Ghérib, El Ardja, Menou Azzoug, Oued
Tisserfin. Fl. et fr. en mars et avril. Steppe sablonneuse désertique.

P. ciliata Desf._ Vallées sablonneuses du Maroc désertique.

P. Loeflingii L._ Figuig. Alluvions sablonneuses.

P. mauritanica B. et R._ Immouzer. Champs sablonneux.

Oreoblitton thesioides Fk. et Mrg._ Anoceur. Autour des marais des montagnes.

Polycnemum Fontanesii Fk. et Mrg._ Djebel Mélias et Maïs. Pentes rocailleuses

Polygonum amphibium L._ Anoceur. Marais de la zone montagneuse.

Thymelaea tartonraira All._ Anoceur. Plateaux pierreux de la région montagneuse.

T. canescens Meisn._ Bou Skoura. Steppe broussailleuse à palmier nain.

Thesium divaricatum Jan._ Djebel Kandar. Pentes arides.

Viscum cruciatum L._ Anoceur. Parasite des frênes dans la région montagneuse.

Arceuthobium Oxycedri M. Bieb._ Immouzer, Anoceur. Parasite du Juniperus
    Oxycedrus dans la région montagneuse.

Euphorbia rupicola Boiss._ Djebel Dersa (600 m). Rochers calcaires.

E. pinea L._ Djebel Dersa. Pentes calcaires broussailleuses.

E. nicaeensis All._ Immouzer. Pentes incultes des montagnes.

E. Characias L._ Djebel Dersa (300 m.), Yarghit (5-600 m), Beni Hosmar (4-1000
    m.) Broussailles des endroits frais de la région montagneux.

Buxus balearica Willd._ Oued Zarka. Pentes calcaires et boisées.

Ceratophyllum submersum L. Aïn Seba. Marais.

Monocotylédones

Damasonium Bourgaei Coss._ Villa Harris, près Tanger, Settat au Bled
    Taudrost, Si Senhadj, Camp Boulhaut. Fossés et dépressions humides.

Iris pseudo-acorus L._ Lac Hadjéra, Charf el Akab, Oued Zarka. Marais.

I. Fontanesii G. et G._ Camp Boulhaut, Oued Cherrat, Camp Monod. Endroits
    herbeux frais.

I. alata Poir._ Rabat, Camp Boulhaut. Endroits broussailleux.

Romulea Clusiana Lge._ Talaïa herbeuse de la rivière des Juifs, près Tanger.

R. Engleri Beg._ Environs de Casablanca. Endroits herbeux incultes

Crocus serotinus Salisb._ Fez, Sefrou. Pelouses.

Narcissus elegans Spach._ Fez, Sefrou. Pentes rocheuses.

N. viridis Schoub._ Camp espagnol, près Casablanca. Endroits herbeux.

Amelia Broussonetii J. Gay. – Hôpital militaire de Casablanca. Terrains herbeux.

Sternbergia lutea Ker. – Fez, Sefrou. Terrains incultes ; cimetière.

Carregnoa humilis Boiss. – Sefrou à Fez. Pelouses

Leucoium trichophyllum Schousb. – Fez, Sefrou. Pelouses.

    " " var. grandiflora Willd. Près de Rabat. Pelouses maritimes.

Serapias lingua L. – Djebel Zrat. Pâturages.

S. cordigera L. – Camp Monod, Camp Boulhaut. Endroits herbeux.

Orchis papilionacea L. – Aïn Cheggag, Camp Boulhaut. Endroits herbeux humides.

O. undulatifolia Biv. – Camp Monod, Chellah. Endroits herbeux humides.

O. latifolia L. – Immouzer. Endroits herbeux humides.

O. lactea Poir. – Djebel Dersa, Sidi Abderrhamane, Camp Monod. Endroits herbeux.

O. coriophora L. – Camp Boulhaut et Camp Monod. Collines broussailleuses.

Aceras densiflora Boiss. – Djebel Kébir, près Tanger. Collines broussailleuses.

Ophrys atlantica Munby. – Aïn Cheggag. Pelouses.

Epipactis latifolia All. – Semsa près Tétouan, Immouzer. Pentes broussailleuses.

Merendera filifolia Camb. – Fez, Sefrou, Casablanca à Fedhala. Pelouses.

Colchicum autumnale L. Sefrou. Prairies humides.

Tulipa celsiana DC. – Djebel Dersa près Tétouan. Pentes broussailleuses.

Fritillaria oranensis Pomel. – Djebel Dersa. Pentes inférieures herbeuses.

Scilla lingulata Poir. – Fez, Sefrou, Casablanca à Fedhala. Pelouses.

S. fallax Stein. Sefrou. Pentes herbeuses.

S. Ramburei Boiss. – Salé. Pelouses humides de la zone maritime.

Urginea undulata Kuth. Sefrou. Pentes rocheuses.

Allium Cupani Raf. – Entre Fez et Sefrou. Pentes pierreuses.

Asphodelus pendulinus Cet. & R. – Vulgaire dans la steppe désertique.

Aphyllanthus monspeliensis L. – Immouzer. Pentes pierreuses des montagnes.

Asparagus altissimus Munby. – Souk el Arba de Tissa et des Zemmours. Lieux arides.

Ruscus aculeatus L. – Semsa, près Tétouan ; Sefrou. Broussailles.

Arum italicum Mill. – Fez. Endroits herbeux frais.

A. maculatum L. – Dar Debibagh près Fez. Endroits herbeux ombragés.

Biarum Bovei Blume. – Sefrou. Pentes argileuses.

Potamogeton densus L. Sefrou. Ruisseaux.

P. lucens L. – Camp Boulhaut, Oued N'ja, près Fez. Ruisseaux et dayas.

Potamogeton trichoides Ch. et S. Camp Boulhaut. Eaux stagnantes

P. pectinatus L. Anoceur. Eaux stagnantes dans la région montagneuse.

P. pusillus Roth. — Oued Innaouen, auprès du confluent du Sébou.

Juncus fasciculatus Schousb. — Boubana près Tanger. Dépressions salsumeuses.

Scirpus Pitardi Trabut, sp. n., in litt.

Plante annuelle croissant par petites touffes dressées, puis un peu étalées lors de la fructification, assez denses, hautes de 2-5 cm., à racines fibreuses, très grêles. Tiges simples, fasciculées, striées. Feuilles molles, larges de 1-3 mm., linéaires, étroites, acuminées-subulées. Anthèle formée de 1-5 épis, longs de 3-7 mm., réunis en capitule très compact, subglobuleux, un peu aplati ; bractées au nombre de 3-5, foliacées, inégales, longues de 1-4 cm., planes, molles, linéaires, longuement acuminées-subulées. Écaille lancéolée, longuement acuminée. Style allongé, stigmates 2. Akène long de 1 mm., large de 0,5 mm., trigone, brun, presque lisse, à base élargie et ornée d'un renflement blanchâtre.

Cette espèce semble au premier abord voisine du Scirpus Michelianus L., dont elle présente un peu le même aspect général. Mais elle s'en éloigne très nettement par son port dressé, la forme de ses écailles et surtout par celle de son akène.

Maroc occidental : Bords de l'Oued Cherrat, près Camp Boulhaut, forêt de la Mamora, près Camp Monod. Bords des dayas dans la forêt.

Fimbristylis dichotoma Vahl. — Bords de l'Innaouen près son confluent avec le Sébou.

Cyperus turfosus Salzm. — Titmellil ; Oued Beth à Souk el Arba. Bords des marais,

C. fuscus L. — Anoceur. Bords des marais.

C. flavescens L. — Bords de l'Innaouen près son confluent avec le Sébou.

Heleocharis multicaulis Dietr. — Djebel Darziro. Endroits marécageux.

Cladium Durandoi Chab. — Titmellil. Marais herbeux.

Carex pendula Huds. — Perdicaris. Endroits broussailleux très humides.

Leersia hexandra Swartz. — Près Fez. Endroits herbeux humides.

Pennisetum orientale Rich. var. Pariatii Batt. Vallées pierreuses désertiques au nord de Tiguig.

Mibora minima L. Environs de Rabat. Sables incultes.

Spartina stricta Roth. - Près Rabat. Sables maritimes.

Airopsis globosa Desv. - Djebel Kébir, près Tanger. Endroits sablonneux humides.

Crypsis aculeata Ait. - Environs de Fez. Bords désséchés des dayas.

Heleochloa alopecuroides Host. - Meknès. Endroits humides.

Phleum Boehmeri Wibel. - Immouzer. Pentes arides des montagnes.

Alopecurus pratensis L. var. ventricosus Coss. - Près Fez. Bords des marais herbeux.

Macrochloa arenaria Kunth. - Camp Monod. Sables arides.

Aristella bromoides Bert. - Immouzer. Pentes broussailleuses des montagnes.

Pappophorum scabrum Kunth. - Djebels Grouz et mais, etc. Fissures des rochers.

Gaudinia maroccana Trabut, sp. n., in Expl. scientif. Maroc [1912]. 117

    Annuel ; chaume fasciculé de 10-12 cm., couvert de feuilles jusqu'à la naissance de l'épi ; feuilles larges, lancéolées-linéaires aiguës, planes, membraneuses, striées, glabres hérissées de longs poils blancs très espacés ; gaîne large, profondément striée, glabre ou ciliée seulement sur un bord. Épi simple, dense, engaîné à la base ; entre-nœuds du rachis épais, courts (2.6 mm.) fortement striés ; épillets sessiles sur les échancrures du rachis, distiques, lancéolés, glabres, 10-13 mm., à 5.6 fleurs distantes les supérieures incomplètes, les plus petites, glumes très inégales, inéquilatérales, carénées, à large marge diaphane, glabre, l'inférieure 4.6 nerviée, la supérieure 7. nerviée ; glumelle inférieure oblongue-lancéolée, aiguë et échancrée bifide, portant sur le dos une arête courte non tortile ni genouillée, marge hyaline très large. Anthères 2,5 mm. ; filets d'égale longueur. Caryopse libre, linéaire-oblong, diaphane, largement canaliculé, contracté au sommet.

    Ce Gaudinia n'a pas d'affinités avec le G. fragilis, mais constitue une section spéciale avec le G. geminiflora Kunth ou G. coarctata Link. des Açores, dont il diffère par son épi dense et la forme des articles du rachis, par les épillets glabres.

    Au point de vue de la géographie botanique, la découverte de cette espèce est intéressante. Elle établit une affinité entre les côtes marocaines et les Açores.

    Maroc occidental : El Hank, près Casablanca ; environs de Rabat. Avril à juin. Sur les petites falaises herbeuses de la zone maritime.

Echinaria capitata Desf. Aine Cheggag. Plbeuses arides des montagnes.

E. capitata Desf. var. pumila Wk. et Lge. Anoceur. Peleues arides des montagnes.

Ammochloa involucrata Murb. – Entre Rabat et Camp Monod, Ramous, près Camp Monod. Sables incultes.

Cynosurus elegans Desf. – Immouzer. Pentes arides des montagnes.

Ctenopsis pectinella de Not. – Immouzer. Pentes arides des montagnes.

Narderus tenellus Rchb. var. aristatus Parl. – Aine Cheggag. Pentes rocailleuses.

Hordeum bulbosum L. – Djebd Erât, Camp Monod. – Pentes herbeuses.

Elymus Caput-Medusae C. et IR. – Aine Cheggag. Pentes pierreuses.

Conifères.

Cedrus atlantica Man. – Anoceur. Pentes des montagnes.

Cryptogames Vasculaires.

Marsilia pubescens Ten. – Camp Boulhaut. Dépressions humides l'hiver.

M. strigosa Willd. – Oued Cherrat, près Camp Boulhaut; Oued Khemisset. Lieux inondés l'hiver.

Isoëtes velatum A. Br. – Camp Boulhaut; Oued Khemisset. Dépressions inondées l'hiver.

Muscinées
par M. L. Corbière.

Fissidens (Bryoidium) Moureti Corb. sp. n., in Rev. bryol. [1913] 8 et 52.

A F. Bambergeri Schp. cui proximus est, differt: caespitibus multo validioribus (habitus F. crassipedis Wils.), sat densis; caulibus erectis, circiter 1,5 cm. altis; foliis majoribus (1,5-1.8 mm. longis, 0,4-0,5 mm latis), multi-(10-16)jugis, subobtusis, vel breviter apiculatis, integris; cellulis hexagonalibus duplo majoribus; costa valida subapice evanida; lamina vera acuta ad 2/3 folii producta, limbo lato basin versus dilatato, e triplici quintuplici serie cellularum angustarum parietibus incrassatis composito; lamina dorsali plerumque omnino elimbata, interdum limbo vix conspicuo ad alterutram vel utramque praeces tim ventralem marginem. Fructus terminalis, flores masculi ignoti. Capsula oblongo-ovata, erecta vel leniter arcuata, demum sub ore constricta, 1mm. longa cum operculo brevirostri, 0.4 mm. lata, in pedicello rigidulo rubente 4-5 mm. longo; vaginula crassa 1-2 folia intima exigua gerens.

Par sa taille, son port et les autres caractères notés, cette plante me semble constituer une espèce distincte du T. Bambergeri Schp.; c'est aussi l'avis de M. Cardot, à qui je l'ai communiquée. La large marge des niles s'éteint assez subitement un peu au dessous de la base des feuilles, et, dans presque toute sa longueur, il est séparé du bord foliaire par une file simple ou double de cellules subcarrées semblables à celles du bord dorsal de la lame verticale; il se continue ordinairement jusqu'à mi-longueur environ du bord ventral de la lame, en diminuant progressivement de largeur; l'autre bord dela lame est rarement marginé et dans ce cas très faiblement.

T. Moureti n'est pas endémique pour le Maroc. Il existe aussi à Madère (Funchal. murs humides, leg. Dr Winter, 1912) d'après un échantillon, stérile comme celui de camp Monod, qu'a bien voulu me communiquer M. Cardot. Enfin je viens d'en recevoir d'Espagne de beaux exemplaires fructifiés, récoltés à Malaga par M. le Dr Casares Gil et qui m'ont permis de compléter la diagnose de cette espèce.

Maroc occidental. camp Monod, près le Bou Reg Reg, sur les rochers (Mouret.)

Barbula commutata Jur. var. **erosa** Corb. (var. nov.); ster.

A forma typica differt foliosum marginibus erosis.

Cette variété n'est peut être qu'une forme accidentelle et même d'ordre pathologique. Elle offre une analogie frappante avec B. sinuosa (Wils.) Braithw; comme dans ce dernier, le bord de laplupart de feuilles est plus ou moins découpé et corrodé par la chute des granulations. A l'état humide, les feuilles sont arquées en dehors; elles sont longues de 1,5 mm., et larges à peine de 0,5 mm.; la nervure forte finit au sommet.

Maroc central: Immouzer, vers 1200m. d'altitude (Mouret).

Pottia mutica Vent. var. **leucodonta** Corb. (nov. var.); c. fr.

Péristome développé comme dans le type, non décoloré blanchâtre dès la chute de l'opercule, ainsi que dans la var. de même nom (Schp.) du P. Starkeana et dans la var. albidens Corb. du P. lanceolata.

Maroc central: Fez (Mouret).

P. (Gomphoneuron) Moureti Corb. sp. n.; Rev. bryol. [1913], 53; c. fr.

Habitu foliis et modo vegetationis P. latifoliae C. Müller simillima, sed primo visu peristomio nullo ut et capsula deoperculata leniter in longo corrugata, annulo cohaerente, pedicello breviore (circiter 1,5 mm), sporis minute granulosis (22-25 μ) distincta.

Dans la même section il existe un autre Pottia gymnostome, le P. Güssfeldtii Schlieph. des hauts sommets de l'Argentine. Je ne la connais que de nom, mais il n'est guère vraisemblable que cette espèce de l'Amérique méridionale soit identique à la nôtre.

Maroc central : Tez. Pelouses et chemins (Mouret.).

Gigaspermum Moureti Corb. sp. n., in Rev. bryologique [1913], 10.

Inflorescentia paroica; archegonia aliquot paraphysibus comitata.

Cette remarquable petite plante forme sur le sol de petits groupes assez denses, mais peu apparents, composés de minimes bourgeons vert argenté ne dépassant guère 1/2 mm. en diamètre. Bien que je n'aie pu me procurer encore que la plante c. flor., elle est si distincte, même en cet état de toutes les mousses européennes, qu'il ne saurait y avoir de doute sur le genre auquel elle appartient; d'autre part les deux caractères relatifs à l'inflorescence la distinguent des espèces actuellement connues. Le type du genre est Gigaspermum repens Lindb., dont la forme reproduite par Brotherus et la description, de même que les descriptions plus complètes données par les auteurs plus récents (Schwaegrichen, C. Müller, Brotherus, etc) s'appliquent aussi bien que possible à l'appareil végétatif de notre plante, mais non à son inflorescence qui n'est pas autoïque, mais bien paroïque: les anthéridies ne forment pas un bourgeon spécial; peu nombreuses (environ 2); de couleur orange vif, ayant 0,4 mm. de long, elles n'ont ni paraphyses ni feuilles périgoniales et sont placées immédiatement à côté et en dehors du bourgeon femelle, qui est terminal. Quant aux archégones (environ 7), ils sont accompagnés de quelques paraphyses (env. 4), vert pâle, formées de cellules unisériées, ou bisériées dans le haut; les feuilles périchétiales, énerves comme toutes les autres, sont de plus en plus petites vers l'intérieur et atténuées au sommet en longue pointe hyaline filiforme égalant au moins la longueur du limbe. Les autres feuilles sont suborbiculaires, ordinairement plus larges que longues, mucronées ; le mucron est hyalin, souvent recourbé arqué et tordu, à cellule terminale très longue.

Outre qu'il n'est pas vraisemblable qu'un Gigaspermum australien ou de la région du Cap (G. Breutelii) se rencontre au Maroc, je crois les caractères ci-dessus, tirés de l'inflorescence, suffisants, en l'absence de ceux de l'appareil sporifère, pour légitimer la création d'une espèce nouvelle.

Maroc central occidental : Rabat, pelouses sablonneuses ; Maroc central : Aïne Cheggag (Mouret).

Funaria Mourreti Corb. sp. n., in Rev. bryol. [1913], 11 ; c. fr.

A F. fasciculari (Dicks) Schp., cujus habitum atque peristomium rudimentarium habet, praesertim differt foliorum costa valida in cuspidem (circ. 1/4 mm) excurrente. Folia comalia ovato-lanceolata, breviter acuminata, 2,5-3 mm longa et 1 mm lata, haud limbata, e medio ad apicem argute serrata, siccitate crispata. Capsula subsymmetrica, collo adjecto ovato-piriformis (1,5 mm longa et 0,75 mm lata) ; collum tandem sulcatum, 0,5 mm longum ; pedicellus rectus vel flexuosus, circ. 5 mm longus. Sporae granulosae, 25-28 μ.

Maroc occidental : Camp Monod. Lieux humides. Sol siliceux (Mouret).

Champignons
par M. N. Patouillard.

Cladochytrium Papyrinchii Pat. sp. n.

Macules foliaires rousses ou noirâtres, allongées dans le sens des nervures, longues de 5 à 20 mm., larges de 2 à 5, ni saillantes, ni verruqueuses. Spores au nombre de 1 à 6, dans la cavité des cellules de l'hôte, hémisphériques, convexes sur une des faces, planes ou concaves sur la face opposée, avec une légère protubérance au centre de la dépression ; leur diamètre moyen est de 24 μ, plus rarement on en trouve atteignant 30 μ, leur épaisseur est de 15 μ. La paroi, de couleur châtain clair, n'est pas entièrement lisse ; elle paraît marquée de ponctuations incolores, régulièrement espacées, qui semblent être de petites dépressions creusées dans son épaisseur. Cette disposition, très spéciale, donne aux spores un aspect analogue à celui que présentent les probasides de Contradia Luzulae.

Maroc Sept.: Bou Baoua, près Tanger. Sur les feuilles d'Iris Sisyrinchium.

Zaghouania Phyllireae Pat. in Bull. Soc. Myc. Fr. XVII, Pl. VII.

Maroc Sept.: Peridicaris, près Tanger. Les écidies, urédos et probasides sur les feuilles de Phyllirea media.

Aecidium asperifolii Pers. Syn. fung., 208.

Macules nulles; cupules hypophylles rarement épiphylles, groupées en sores orbiculaires denses; marge blanche, crenelée, révolutée; hyménium orangé; spores presque rondes, 21-24 μ, lisses, à paroi mince et hyaline, à contour granuleux, orangé. Cellules de la paroi incolores, polygonales, striées, 28-32 μ de diam.

Maroc Sept.: Entre Tanger et Tétouan, près Sodar. Sur les feuilles d'Echium plantagineum. Spécimens en partie détruits par Tubercularia persicina.

Terfezia Deflersi Pat. in Journ. Bot. VIII, 154.

Terfès à peau noire, à chair marbrée de rosa, à spores rondes, 22-26 μ, portant de gros aiguillons tronqués, mélangés de pointes fines. Très voisin du T. Metaxasi Chat. et T. Aphroditis Chat.

Maroc Sept.: Entre Tanger et Arzila, en avril.

Orbilia Asparagi Pat. sp. n.

Sessile, orbiculaire, plane, un millimètre de diamètre, rose pâle, charnue, glabre, à bords entiers. Thèques cylindracées, tronquées en haut, ± 75 × 8 μ, octospores. Paraphyses linéaires, simples ou rameuses, simplement en massue au sommet ou à extrémité arrondie en bouton peu marqué (2-3 μ). Spores allongées, courbées en virgule, obtuses et arrondies à une extrémité, atténuées en pointe aiguë à l'extrémité opposée, mesurant 14-18 × 3-4 μ.

Maroc central: Souk el Arba de Tissa. Sur les vieilles tiges d'Asparagus albus (Mouret).

Durella melanochlora Rehm. Ascom. Alp. n° 27.

Cupules éparses à marge crenelée-laciniée. Spores ovoïdes, triseptées, non ou à peine étranglées aux cloisons, 12-15 × 3-4 μ.

Maroc central: Moyen Atlas, au Djebel Outa, près d'Azrou. Sur le bois mort blanchissant (Mouret).

Hypocopra caricicola Pat. sp. n.

Périthèces épais, presque superficiels, noirs, lisses, membraneux-coriaces, à ostiole en forme de papille, ± 200 µ de diamètre. Thèques en massue, atténuées à la base, 60-70 × 15 µ (partie sporifère 45 µ), à huit spores, sur une seule rangée et d'ordinaire couchée horizontalement. Paraphyses indistinctes. Spores noires, elliptiques, lisses, 9-12 × 6 µ, ni comprimées, ni courbées, entourées d'un halo hyalin circulaire.

Maroc occident.: Camp Monod. Sur les feuilles desséchées de Carex hispida.

Laestadia Holoschoeni Pat. sp. n.

Périthèces immergés, ovoïdes-arrondis, ± 120 × 100 µ, percés d'un pore ouvert à la surface à peine noircie du support. Thèques claviformes, sans paraphyses, 45-60 × 10-12 µ, à 8 spores, irrégulièrement bisériées. Spores incolores, fusoïdes, atténuées aux deux extrémités, droites, avec une grosse gouttelette centrale, ou deux plus petites, non septées, 15-18 × 3 µ.

Maroc Sept.: Entre Tanger et Arzila. Sur les chaumes de Scirpus Holoschoenus.

Sphaerella Patouillardi Sacc., in Add. Syll. 407.

Spores 22-27 × 3-4 µ.

Maroc Sept.: Oued Zarka, près Tétouan. Sur Buxus balearica.

S. compositarum Auersw. Myc. Eur. Pyr. 15.

Périthèces 100-150 µ de diam.; spores 21-25 × 9-12 µ.

Maroc désertique: Cirque de Djahifa, au Djebel Grouz. Sur les tiges de Centaurea Cossoniana.

S. Asteroma Karst. var. Asphodeli Pat.

Macules grises; périthèces ± 100 µ; thèques 30-90 µ; spores 9-10 × 3 µ.

Maroc septentrional: Arzila. Sur les tiges sèches d'Asphodelus microcarpus.

S. Prasii Pat. sp. n.

Périthèces épais, noirs, coniques, perçant l'épiderme, carbonacés, ± 100 µ de diamètre. Thèques presque sessiles, obtuses, renflées vers la base, 60 × 24 µ, à 8 spores plurisériées. Spores, elliptiques, obtuses, renflées vers la base, 60 × 24 µ, à unisèptées, non étranglées à la cloison, 9-10 µ × 3 µ.

Maroc central: Djebel Trat, près Fez; sur tiges de Prasium majus (Mouret).

Diaporthe picta Sacc. var. Linariae Pat. in Expl. scientif. Maroc (1913).

Stromes étalés, allongés dans le sens de l'axe, plus ou moins confluents formant des plaques noires et luisantes, qui atteignent 40-60 millimètres de long et entourent la plus grande partie de la tige. Périthèces globuleux, épars, distants, non ou à peine saillants, plongés dans l'épaisseur de la trame noire du strome. Thèques 60×8 μ, à 8 spores bisériées. Spores oblongues-fusiformes, uniseptées, à 4 gouttelettes, 12×4 μ. Ligne noire bien marquée dans l'épaisseur du bois au dessous du strome.

Maroc Sept.: Djebel Kébir, près Tanger. Sur les tiges de Linaria tingitana.

Didymosphaeria Eryngii Pat. sp. n.

Périthèces solitaires, épars ou en séries linéaires, noirs, coriaces, perçant l'épiderme, globuleux, 300 μ de diamètre, papillés par l'ostiole. Thèques presque sessiles, 45×15 μ (partie sporifère), à 8 spores bisériées, paraphyses peu distinctes. Spores brunes, elliptiques, arrondies aux deux extrémités, uniseptées et un peu étranglées à la cloison, 15-18×8-9 μ.

Maroc central: Souk el Arba de Tissa. Sur les tiges mortes d'Eryngium ilicifolium (Mouret).

Chitonospora ammophila Sacc. Syll. IX, 796.

Thèques à 8 spores unisériées, 150×15 μ. Spores 21-27×15-18 μ, d'abord incolores, puis fuligineuses, non septées et à contenu granuleux, à la fin brunes, opaques, triseptées et à parois épaisses; elles sont entourées d'une mince couche hyaline qui déborde à chaque extrémité en un bourrelet gélatineux.

Maroc sept.: Souani, près Tanger. Sur les chaumes de Psamma arenaria.

Metasphaeria Piptatheri Pat. sp. n.

Périthèces rapprochés en séries linéaires, perçant la cuticule, subglobuleux, 300 μ de diamètre, surmontés d'un ostiole aigu, saillant, contenu blanc. Thèques fasciculées, presque sessiles, renflées vers la partie inférieure, 100×20 μ, à 8 spores plurisériées. Paraphyses linéaires, incolores, abondantes. Spores hyalines, fusoïdes, 18-20×6 μ, 5-septées, fortement étranglées à la cloison moyen et pluriguttulées.

Maroc Sept.: Perdicaris, près Tanger. Sur les tiges de Piptatherum multiflorum.

Ophiobolus Bocconi Pat. sp. n.

Périthèces épars, nombreux, sous-épidermiques, brun noir, surmontés d'un bec faisant saillie au dehors, 1/3-1/2 millim. de diamètre. Thèques claviformes, longuement atténuées à la base, ±100×15 (partie sporifère); paraphyses linéaires, hyalines. Spores huit, jaunâtres, droites ou arquées, subaiguës, ordinairement à quatre cloisons, parfois plus, non étranglées, à contenu granuleux, l'avant dernière loge étant souvent renflée et guttulée ; elles mesurent 55-75 × 5 μ.

Espèce caractérisée par ses thèques longuement atténuées et par ses spores courtes et larges.

Maroc Sept. : Près de Tanger. Sur les tiges mortes d'Hippomarathrum Bocconi.

Micropeltis tingitana Pat. sp. n.

Périthèces superficiels, dimidiés, orbiculaires, convexes, ± 210 μ de diamètre, noirs brunâtres, à trame mince, presque opaque, radié, percés d'un pore apical, entourés à la base de filaments bruns, rampants, sinueux, épais de 3 μ. Thèques courtes, cylindracées, arrondies au sommet, élargies vers le bas, à peu près sessiles, 30-35 × 10 μ, octospores, entourées de paraphyses grêles et incolores. Spores elliptiques, obtuses, triseptées, étranglées aux cloisons, hyalines, lisses, avec une gouttelette brillante par loge, 15 × 5-6 μ.

Maroc Sept. : Perdicaris, près Tanger. Sur tiges de Smilax mauritanica.

Gloniella Oleæ Pat. sp. n.

Périthèces superficiels, épars ou rapprochés, lancéolés. elliptiques, 300-600 μ de long, noirs, ternes, coriaces, carbonacés, s'ouvrant par une large fente laissant voir le disque cendré blanchâtre. Thèques cylindracées, 45 × 15 μ, octospores ; paraphyses linéaires : spores bisériées, hyalines, claviformes, atténuées à une extrémité, pourvues de trois cloisons transversales, 18 × 6 μ.

Maroc occidental : Camp Monod ; brindilles d'Olea europaea.

Gloniopsis australis Sacc. Syll. II, 774.

Spores hyalines, 3-7 cloisons transversales, une cloison longitudinale, 18 - 21 × 12 μ.

Maroc central : Fez. Stipe du dattier (Mouret).

Lophodermium Pinastri Chev. Fl. Par. I, 430

Paraphyses cylindriques, droites, un peu épaisses et granuleuses extérieurement vers la partie supérieure (5 μ). Thèques et spores typiques.

Maroc Sept. : Environs de Tanger. Sur les aiguilles tombées de Pins.

Phyllosticta Hypophylli Pat. sp. n.

macules indéterminées, sèches, roussâtres. Conceptacles épars, globuleux, noirâtres, ± 180µ de diamètre. Spores incolores, cylindracées, courbées, 4-5×1µ.

Maroc Sept.: Zinat. Sur les clades de Ruscus hypophyllus.

P. Scrophulariae Sacc. Michel. I, 159.

Macules amphigènes, largement bordées de brun rougeâtre. Conceptacles roux, épiphylles, globuleux, ± 120µ. Spores hyalines ou à peine roussâtres, droites, cylindriques, obtuses aux deux extrémités, 5-6×2-2½µ contenant deux gouttelettes brillantes.

Maroc sept.: Perdicaris, près Tanger. Feuilles de Scrophularia papillaris.

P. Moureti Pat. sp. n.

Macules peu marquées. épi ou hypophylles, grises ou rousses. Conceptacles nombreux, perçant la cuticule, globuleux, étirés en pointe, noirs, percés d'un pore, 180-250µ. Spores incolores, cylindriques, obtuses, droites, avec ou sans gouttelettes, 10-12×2µ, sur des basides linéaires courts.

Maroc central: Immouzer, vers 1300m. d'altit. Sur Rhamnus myrtifolia (Mouret).

Phoma Zizyphina Pat. sp. n.

Conceptacles superficiels, groupés, hypophylles, noirs, 90-120µ diam. Spores cylindracées, obtuses, parfois à 1-2 gouttelettes, 9-12×1½-3µ.

Maroc central: Dar Debibagh, près Fez. Sur feuilles tombées de Jujubier (Mouret).

P. graminis West. in Kickx Fl. Fland. I, 441.

Conceptacles 45-75µ. Spores 7-10×3µ, souvent à deux gouttelettes.

Maroc Sept.: Perdicaris, près Tanger. Feuilles et chaumes de Melica major.

P. Mirbeckii Pat. sp. n.

Conceptacles globuleux, 150µ de diam. percés d'un pore, brun-fuligineux. Spores incolores, ovoïdes, à contenu homogène ou divisé en deux masses; 10×4-5µ.

Maroc Sept.: Perdicaris, près Tanger. A la face inférieure des feuilles desséchées de Quercus Mirbeckii.

P. Eucalyptica Sacc. Syll. III, 140.

Forme à spores 6×3µ.

Maroc Sept.: Aïne Dalia. Sur le bois dénudé d'Eucalyptus.

P. picea Sacc. Syll. III, 140.

Spores ovoïdes, simples, à deux gouttelettes, 6-9×2µ.

Maroc Septent.: Djebel Kébir. Sur les tiges de Daucus crinitus.

Phoma strobiligena Desm. 17e Nob. 8 ; Sacc. l. c., 150.

Spores 5-7 × 1½-2 µ.

Maroc Septent. Tanger. Sur les écailles des cônes de Pins.

P. Marrubi Mtg. Fl. Alg. 580 ; Sacc. l. c. 129.

Spores à deux gouttelettes, 15 × 5 µ.

Maroc Septent. : Tanger. Tiges de Salvia pseudo-coccinea cultivée.

P. errabunda Desm. ; Sacc. l. c. 128.

Conceptacles 200-300 µ ; spores 3-4 × 1 µ.

Maroc Septent. Entre Tanger et Arzila. Sur Scrophularia sambucifolia.

P. hypophylli Pat. sp. n.

Conceptacles épars, subglobuleux, noirs, ± 120 µ de diamètre. Spores incolores, simples, elliptiques, 4 × 1½ µ.

Maroc Sept. : Perdicaris, près Tanger. Tiges de Ruscus hypophyllum.

P. Euphorbiicola Pat. sp. n.

Périthèces 90-120 µ, sous cutanés, puis saillants, noirs. Spores ovoïdes, 15×6 µ.

Maroc central: Djebel Erat. Sur les tiges d'Euphorbia (Mouret).

P. Dactyliferae Pat. sp. n.

Conceptacles noirs, subglobuleux, 120-200 µ de diamètre, groupés sur une macule grise. Spores ovoïdes, 5-6 × 2½ µ.

Maroc central : Fez. Base des feuilles du dattier (Mouret).

Sphaeropsis Pelargonii Pat. sp. n.

Conceptacles globuleux, épars, nombreux, perçant l'épiderme, ± 150 µ de diam., percés d'un pore, pellucides, fuligineux-pâles. Basides linéaires, 30 µ de haut, en touffes s'élevant de la base de la cavité, portant une conidie apicale, longtemps hyaline. Conidies adultes fuligineuses, lenticulaires, un peu étirées en bec vers le point d'insertion, 9-10 de diamètre, 6 µ d'épaisseur, lisses, avec des gouttelettes internes.

Maroc Septent. : Tanger. Sur pétioles de Pelargonium hederaceum cultivé.

S. Zollikoferiae Pat. sp. n.

Conceptacles perçant l'épiderme, globuleux, brun-noirs, 9-150 µ de diam. entourés de filaments mycéliens bruns, rameux, moniliformes, septés, 10 µ d'épaisseur, rampants sous la cuticule. Conidies elliptiques, 18 × 6 µ, fuligineuses.

Maroc désertique : El Haimer. Rameaux de Zollikoferia spinosa.

Haplosporella ? Steinheilii (Mtg) sur Sphaeria.

Conidies fauves, 21-24 × 15 μ.

Maroc Sept. : Tanger, Arzila. Maroc central : Immouzer. Feuilles de palmier nain.

Diplodia Coronillæ-Junceæ Pat. sp. n.

Conceptacles sous la cuticule, puis saillants, groupés en grand nombre sur une partie décolorée, arrondis, nous, 100-180 μ de diam., bruns. Basides courts. Spores cymbiformes, atténuées aux deux extrémités, longtemps incolores et simples, puis brunes et uniseptées, 15-18 × 3-5 μ.

Maroc désertique : Aine Yalou. Sur les rameaux désséchés de Coronilla juncea.

D. Punicae Brussedu in Rev. Myc. 18, 236.

Spores 21-24 × 9-10 μ.

Maroc central : Fez. Tiges sèches de Jujubier.

D. Adenocarpi Pat. sp. n.

Conceptacles caulifères, épars ou rapprochés, perforant l'épiderme, ± 300 μ de diam. Spores ovoïdes-arrondies, 8 × 6 μ, brunes, pourprées, obscures, uni-septées, non étranglées, presque globuleuses.

Maroc Septent. : Tétouan, au Djebel Dersa. Sur Adenocarpus telonensis.

Ascochyta Helianthemi Pat. sp. n.

Conceptacles sous la cuticule, puis libres, petits, 30-75 μ de diam. glo-buleux, bruns. Spores incolores, elliptiques 10-12 × 3 μ, uniseptées.

Maroc Sept. : Perdicaris, près Tanger. Rameaux d'Helianthemum guttatum.

A. Iridicola Pat. sp. n.

Macules indeterminées, sèches; conceptacles sous la cuticule, puis libres, nombreux, noirs, globuleux, à trame fuligineuse, ± 150 μ de diam. Spores fusoïdes, incolores, un peu atténuées aux deux extrémités, droites ou légèrement courbées, uniseptées, non étranglées, 33-36 × 6 μ, à contenu incolore, obscurément divisé en quatre masses.

Maroc Sept. : Entre Tanger et Arzila. Sur les feuilles d'Iris tingitana.

Hendersonia sarmentosum West. var. Sambuci Sacc. l. c. 420.

Conceptacles ± 300 μ de diamètre.; spores 18-21 × 6 μ.

Maroc central : Immouzer. - Sur les rameaux du Sambucus nigra (Mouret).

Stagonospora myriospora Pat. sp. n. in Expl. scientif. Maroc [1913], 151.

Périthèces en séries parallèles, roux noirs, globuleux, déprimés, ± 120-200μ de diamètre, coriaces, percés d'un pore au sommet, couverts par l'épiderme noirci, habituellement rapprochés en petits groupes ou plages noires, de ¼ à 1 millimètre de longueur, plus rarement solitaires et épars. Sporules hyalines, fusoïdes, aiguës aux deux extrémités, droites ou courbées, contenant plusieurs gouttelettes brillantes, triseptées, non étranglées aux cloisons, mesurant 18-24 × 3 μ, excessivement nombreuses.

Paraît proche du *S. Ischaemi* Sacc., mais il a les spores d'une grandeur double.

Maroc Septent.: Bou Bana, près Tanger. Sur les feuilles d'Andropogon hirsus.

Septoria Cruciatae Rob. et Desm. 14e Not. 20.

Spores courbées, 21-30 × 2 μ.

Maroc central. Aïne bou Kheiss. Sur les feuilles de Galium Bourgeanum (Mouret).

S. Loeflingiae Pat. sp. n.

Macules indéterminés; conceptacles petits, ± 90 μ de diam., globuleux, roux. Spores incolores, filiformes, droites ou un peu courbées, uniseptées, avec quelques gouttelettes, 30 × 2 μ.

Maroc Septent. Entre le lac Hadjérün et l'océan. Sur les feuilles dissiéchées de Loeflingia micrantha.

S. Antholyzae Pat. sp. n.

Macules sèches, jaunâtres, étendues dans le sens de la longueur. Conceptacles 90-120 μ de diam., globuleux, roux. Spores linéaires, droites, parfois courbées, continues puis uniseptées, 9-15 × 1½-2 μ.

Maroc Septent.: Tanger. Sur les feuilles languissantes d'Antholyza cultivé.

S. Bellidis Desm. et Rob. 21e Not. 6.

Conceptacles 60 μ de diam.; spores 18-24 × 1½-2 μ.

Maroc Septent.: Zinet. Sur les feuilles de Bellis annua.

S. cirrosae Maire, in herb.

Spores courbées, 3-4 septées, 40 × 2 μ.

Nos spécimens ne diffèrent des types algériens de M. Maire que par le nombre des cloisons des spores et ne semblent pas devoir être séparés.

Maroc Septent.: Souani, près Tanger. Sur les feuilles de Clematis cirrosa.

S. Convolvuli Desm. f. Convolvuli-tricoloris Pat.

Spores aciculaires, droites ou courbés, 60-85 × 2 μ, nettement 7-10 septées.

Maroc Septent. : Hossana. Feuilles de Convolvulus tricolor.

S. Hypochaeridis Pat. sp. n.

Macules amphigènes, rouges à la face supérieure, blanches et marginées de rouge à la face inférieure. Conceptacles hypophylles, globuleux, 60-75 μ, bruns, groupés par 5-6 au centre de la macule. Spores filiformes, droites, parfois flexueuses, continues 24-35 × 1-1½ μ.

Le centre des macules est d'ordinaire parasité à la face supérieure par un sore d'uredo de Puccinia Hypochaeridis.

Maroc Septent. : Zinet. Sur Hypochaeris radicata.

Rhabdospora Pepli Pat. sp. n., in Expl. Scientif. Maroc [1913], 151.

Macules nulles; périthécies épars ou rapprochés, enfoncés dans les tissus, globuleux, mous, bruns, petits, 75-80 μ de diam., percés d'un pore au sommet. Spores extrêmement nombreuses, incolores, droites ou flexueuses, courtes, 15-18 × 1-1½ μ, non septées.

Maroc Sept. : Oued Zarka, près Tétouan. Sur feuilles et tiges d'Euphorbia Peplus.

Asteroma graminis West. fa stipae Pat, in Expl. Scientif. Maroc [1913], 152.

Macules très petites, depuis un point jusqu'à un millimètre de diamètre, orbiculaires, fibrilleuses au pourtour, noirâtres. Très fortement adnées. Périthécies ponctiformes, noirs, épars sur le centre des macules et stériles.

Maroc Sept. : Sjebel Dersa, près Tétouan. Sur les feuilles du Stipa tenacissima.

Torula tingitana Pat. sp. n.

Très noir, largement étalé, pulvérulent. Hyphes stériles, rampants, brunes. Chaînettes dressées, moniliformes, opaques, se désarticulant en fragments de 5-7 articles subglobuleux, de 6-8 μ de diamètre, finement aspérulés.

Maroc Sept. : Aïn Dalia. Sur les bois dénudé et pourri d'Opuntia Ficus-indica.

Cercospora Smilacis Thüm. Cont. Myc. Lusit. no 214.

Les spores, d'abord hyalines et simples, prennent 2-3-8 cloisons et deviennent olivacées-fuligineuses.

Maroc central : Tez. Feuilles de Smilax aspera (Mouret).

C. Emicis Pat. sp. n.

Macules orbiculaires ou elliptiques, amphigènes, 3-6 millim. de diam., bientôt séchés, blanchâtres ou rousses, et entourées d'une ligne rousse.

Touffes hypophylles, 30-50μ de large, abondantes vers le centre de la macule.
Conidiophores cespiteux, courts, bruns, dentés-lobés, cylindracés, 15-20μ sur 4 à 6μ. Conidies incolores, flagelliformes, un peu plus épaisses à une extrémité, à cloisons transversales nombreuses, 60-120 × 3μ.

Maroc septent.: Souani, près Tanger. Sur les feuilles d'Emex spinosus.

Monochaetopsis Pat. gen. n.

Sérophores très courts, rapprochés en un tubercule incolore ou roussâtre; Conidies fusiformes, hyalines, plurisepttées, atténuées en pointe à la base et terminées au sommet par un long cil. Champignons biophiles, maculicoles.

M. Antirrhini Pat. sp. n.

Macules amphigènes, orbiculaires, 5-8 millim. de diam., décolorées, entourées d'une large auréole brune. Touffes hypophylles, éparses en grand nombre sur toute la surface de la macule, d'abord sous la cuticule, puis superficielles, blanches ou roussâtres, très petites, 20-30μ, formées d'hyphes courtes (8-10μ), incolores, dressées, septées, simples ou dentées-ramuleuses. Conidies longuement fussoïdes, incolores, atténuées en pointe à la base, droites ou courbées, prolongées en un long cil au sommet, ordinairement 2-3 septées (quelquefois 4) mesurant 30-50μ de long (point inférieure 10μ, partie renflée 30μ, cil 15-20μ) sur 2-4μ d'épaisseur. Groupe voisin de Fusarium, mais à spores ciliées aux deux extrémités.

Maroc Sept.: Entre Tanger et Ceuta, à Hossana. Feuilles vivantes d'Antirrhinum calycinum.

Lichens
par M. le Dr Bouly de Lesdain.

Ramalina bigeniculata B. d. L. sp. n. in Expl. scientif. Maroc [1915], 155.

Thallus K = pallido ostroleuco-stramineus, nitidus, erectus, 4-5 cent. altus, è basi laciniatus, laciniis primariis 1-1,5 (rarius 3) mm. latis, laevigatis, vel praesertim basi foveolato-impressis, dichotome aut varie ramosis, apice interdum furcato-divisis, subteretibus aut subcompressis, subtusque plus minus canaliculatis. Apothecia pallido carnes-testacea, circa 0,2-0,5 mm lata, margine integro tenui concoloroque cincta, dein convexa, immarginataque, breviter pedicellata, excipulo laevi, basi non contracto, marginalia, ramulo sub receptaculo geniculatim emisso, aliam

apothecium ferente, similiter geniculato, attenuatoque ramulis orna-
tum. Sporae 8 nae, hyalinae, ellipsoideae, utroque apice obtusae, rectae
vel leviter curvulae, 15-18 μ longae, 5-6 lat. Gelat. hymen. I + caerulescit.
La potasse appliqué sur la medulle produit, assez longtemps après, une col-
ration rougeâtre.

Maroc Septent.: Djebel Kébir, près Tanger. Sur les branches des arbustes.

Heppia Mouretii B. de Lesd. sp. n.

Thallus K−, C−, monophyllus, planus vel subplanus, intus albus,
simplex, rotundatus, rarius foliaceo-lobatus, vix 1 cent. latus, cinereus,
laevigatus, tandem aetate sub lente rimulosus, margine reflexo, griseo,
interdum sorediato limbatus. Subtus carneo-fuscus, umbilicatus, per
gomphum in centro substrato affixus. Apothecia fusca, punctiformia,
dispersa, in verrucis thallinis 0,4-0,5 mm. latis, solitaria inclusa. Epithecium electrinum, thecium et hypothecium incolorata, paraphyses
cohaerentes, simplices, apice non inflatae, asci clavati 135 μ longi;
sporae numerosissimae, hyalinae, simplices, ellipsoideae, 7-9 μ long.,
3,5 lat. Gelat. hym. I + caerulescit.

Maroc occident.: Rabat, bord du Bou Reg Reg. Sur les schistes (Mouret).

H. maroccana B. de Lesd. sp. n.

Crusta K−, C−, dense albo pruinosa, madida, obscure cinerea,
circa 0,1 mm. crassa, squamosa, squamis 0,5-1 mm. latis, contiguis, varie
angulosis, planis, superficie laevibus intus albidis, subtus nigrescentibus.
Apothecia nigra, in areolis singula, vel rarius bina, 0,5-0,5 mm. lata,
immersa, primum rotundata, dein angulosa, margine tenui prominenteque
cincta. Epithecium fuscum, thecium et hypothecium incolorata, paraphyses cohaerentes, simplices, articulatae, apice non inflatae, asci
clavati; sporae numerosissimae, hyalinae, simplices, ellipsoideae, 6-6,5
μ long., 3 lat. Gelat. hym. I caerulescit.

Maroc central: Souk el Arba de Tissa. Sur les roches siliceuses (Mouret).

Caloplaca Mouretii B. de Lesd. sp. n.

Crusta K−, ochraceo-cinerea, sat tenuis, granulosa, granulis minutis
aggregatis. Apothecia K sanguineo-rubent, aurantiaca, 3-4 mm. lata,
dispersa, primum concava, margineque integro, dein persistente plana.

Epithecium luteola granulosum, thecium et hypothecium incolorata, paraphyses liberae, graciles, ramosae, tenuiter articulatae, apice leviter inflatae; sporae 8 nae, hyalinae, polocaelae, loculis tubulo non junctis, tandem approximatis, 12-14 µ long., 5-6 lat.

Maroc occident.: Rabat. Sur les rochers calcaires au bord de la mer (Moures).

Lecanora Tfaliensis B. de Lesd. sp. n., in Expl. Scientif. Maroc [1913], 159.

Crusta K + J, pallido albido-flavescens, aut passim albido-cinerea, tenuis, hypothallo atro-caeruleo limitata, areolata, areolis planis, sublae-vigatis, contiguis, angulosis, circa 0,3-0,5 mm. latis. Apothecia C -, nigra, sat dense pruinosa, 0,3-0,4 mm. lata, innata, plana, thallum aequantia, margine thallino, tenui integroque, paraphyses graciles, cohaerentes, ramosae, asci clavati, 74 µ long.; sporae hyalinae, ellipsoideae vel ellipsoido-oblongae, 13-15 µ long., 6.5 lat. Gelat. hym. I + caerulescit. Spermogonia numerosa punctiformia, atra, in areolis immersa; spermatia arcuata, 15-24 µ long., 0,9-1 (vix) lat.

Prope Lecanoram subcarneam locanda.

Maroc Occident.: Entre Sidi Tfali et Mechra ben Abou. Sur les rochers.

Diphratora maroccana B. de Lesd. sp. n.

Crusta K -, C -, KC -, ochraceo-cinerea, 1.5-2 cent., lata, saxo arcte adhae-rens, orbiculari-effigurata, cartilaginea, nuda, subtus et intus albida, centro areolato-verruculosa, ambitu, lobis parvis, circa 1 mm. latis, subconvexis, leviter inciso-crenatis. Apothecia carneo-rufa, circa 1 mm. lata, sessilia, plana, margine thallino crasso-subcrenulato prominentique cincta. Epithecium, thecium et hypothecium incolorata, paraphyses cohaerentes, simplices, apice leviter articulatae, incrassataeque, asci anguste clavati, 60-66 µ longi; sporae 8 nae, hyalinae, ellipsoideae, uniseptatae, 11-14 µ long., 4-5 lat. Gelat. hym. I + caerulescit.

Maroc occident.: Rabat. Sur les rochers calcaires.

Aspicilia maroccana B. de L. sp. n., in Expl. Scientif. Maroc [1913], 159.

Crusta K -, C -, obscure cinereo-glauca, sat tennis, irregulanter limitata, areolata, areolis contiguis, angulosis, minutis, circa 0,3-0,5 mm. lata, laevigatis, intus subtusque albidis; medulla I -. Apothecia in areolis leviter convexis, singula vel plura, nigra, nuda, circa 0,15-0,2 mm. lata, irregulariter rotunda vel oblonga, persistenter immersa, margine thallino albido tenuique parum elevato cincta. Epithecium olivaceum, thecium et hypothecium incolorata, paraphyses liberae, graciles, flexuosae, leviter ramosae exeptataeque. asci cylindrici, basi breve caudati; 150-180 μ long.; sporae 6 (monostichae) aut 8 (distichae) nae, oblongae, 35-45 μ long., 20-23 lat., exospario 3 μ crasso. Gelat. hym. I + intense caerulescit.

Maroc Septent.: Djebel Kébir. Sur les rochers gréseux.

Acarospora caesio-cinerea B. de L. in Expl. scientif. Maroc [1913], 159.

Crusta K-, C-, caesio-cinerea, tenuis, areolata, areolis planis, sub-laevigatis, primum dispersis, subrotundatis, 0,5-0,6 mm. latis, dein conti-guis, angulosis, saepeque margine tenuissimo cinctis; in ambitu vage radians, saxoque arcte adhaerens. Apothecia nigra, pruinosa, 0,3-0,4 mm. lata, in areolis singula, subrotunda, immersa, dein thallum aequantia, margine thallino tenuissimo integroque cincta. Epithecium olivaceum, thecium et hypothecium incolorata, paraphyses arcte cohaerentes, arti-culatae, in apice rotundatae, 2,5-3 μ crassae, asci clavati; sporae numerosissimae, simplices, hyalinae, oblongae, 6-9μ long., 2,5-3 crass. Gelat. hym. I caerulescit.

Maroc occident.: Entre Guicer et Dar Chafai. Sur les pierres calcaires.

A. maroccana B. de L. sp. n., in Expl. Scientif. Maroc [1913], 160.

Crusta intense flava, intus concolor, subtus albida, circa 0,2-0,5 mm. crassa, areolata, areolis planis, contiguis, angulatis, circa 1 mm. latis, in ambitu vage radians crenataque, saxo arcte adhaerens. Apothecia in areolis singula vel plura, 0,3-0,5 mm. lata, subrotunda vel angulosa, immersa dein thallum aequantia, margine crenulato, thalli concolore; discum pallido-flavum superante. Epithecium luteolo-granulosum, thecium et hypothecium incolorata, paraphyses arcte cohaerentes; articulatae; asci clavati; sporae numerosissimae, hyalinae, sphericae, 3,5-4 mm. diam. Gelat. hym. I + caerulesait.

Maroc occident.: Medhra ben Abou. Sur les porphyrites.

Blastenia festiva B. de L. f° convexa B. de L. in Expl. scientif. Maroc [1913], 161.

Thalle cendré blanchâtre, très mince, dispersé, rimeux-aréolé par places. Apothécies K+R, roux ferrugineux, de 0,4-0,8 mm. de diamètre, le plus souvent dispersées, d'abord légèrement concaves, à bord mince, concolore et entier, puis planes à marge flexueuse et enfin convexes à marge peu distincte. Epithecium jaunâtre, granuleux, thecium et hypothecium incolores, paraphyses grêles, articulées, ramifiées près du sommet, thèques claviformes longues de 60-75 μ ; spores polococleés à loges réunies par un tube étroit, longues de 13-18 sur 6-8 μ.

Maroc Sept. : Tanger, falaise de la rivière des Juifs. Sur les rochers gréseux.

Bilimbia Pitardi B. de L. sp. n., in Expl. scientif. Maroc [1913], 162.

Crusta cinerea, tenuissima, effusa. Apothecia nigra, nuda, 1-1,5 mm. lata, primum leviter concava, margine integro concoloroque cincta, dein plana, tandemque convexa margine denusso, sparsa vel 3-4 aggregata deformiaque. Epithecium viridulo-olivaceum, thecium et incoloratum, hypothecium fuscum, paraphyses liberae, exseptatae, apice viridulo-clavatae, asci clavati, circa 51-60 μ long. ; sporae 8 nae, hyalinae, 1-2 vel 3 septatae, asci clavati, circa 51-63 μ long. ; sp. rectae, interdum leviter curvatae, ellipsoideo-oblongae, uno apice angustiores, 15-21 μ long., 5-6 lat. Gelat. hym. I + caerulescit.

Maroc Sept. : Souani, près Tanger. Sur la terre argileuse.

Opegrapha Pitardi B. de L. sp. n., in Expl. scientif. Maroc [1913], 162.

Crusta cinerea, hic inde lineis nigris decussata. Apothecia nigra, rotundata, oblonga vel deformia, circa 1 mm. long., pruina alba suffusa, primum plana, margine tenui cinereoque cincta, dein convexa. Epithecium olivaceum, thecium incoloratum, hypothecium fusco-nigrum, paraphyses liberae, simplices, asci clavati ; sporae 8 nae, hyalinae, fusiformes, rectae vel leviter curvatae, 3.sept., 30-33 μ long, 6 lat. Gelat. hym. I + vinose rubet.

Maroc Septent. : Tanger, falaises de la rivière des Juifs. Sur les écorces des vieux Pins.

Tours, 3 Juillet 1918.

www.ingramcontent.com/pod-product-compliance
Lightning Source LLC
Chambersburg PA
CBHW030932220326
41521CB00039B/2147